機械系 教科書シリーズ 21

自動制御

工学博士 阪部 俊也
博士(工学) 飯田 賢一 共著

コロナ社

機械系　教科書シリーズ編集委員会		
編集委員長	木本　恭司	（元大阪府立工業高等専門学校・工学博士）
幹　　　事	平井　三友	（大阪府立工業高等専門学校・博士(工学)）
編 集 委 員	青木　　繁	（東京都立産業技術高等専門学校・工学博士）
（五十音順）	阪部　俊也	（奈良工業高等専門学校・工学博士）
	丸茂　榮佑	（明石工業高等専門学校・工学博士）

（2007年3月現在）

刊行のことば

　大学・高専の機械系のカリキュラムは，時代の変化に伴い以前とはずいぶん変わってきました。

　一番大きな理由は，機械工学がその裾野を他分野に広げていく中で境界領域に属する学問分野が急速に進展してきたという事情にあります。例えば，電子技術，情報技術，各種センサ類を組み込んだ自動工作機械，ロボットなど，この間のめざましい発展が現在の機械工学の基盤の一つになっています。また，エネルギー・資源の開発とともに，省エネルギーの徹底化が緊急の課題となっています。最近では新たに地球環境保全の問題が大きくクローズアップされ，機械工学もこれを従来にも増して精神的支柱にしなければならない時代になってきました。

　このように学ぶべき内容が増えているにもかかわらず，他方では「ゆとりある教育」が叫ばれ，高専のみならず大学においても卒業までに修得すべき単位数が減ってきているのが現状です。

　私は1968年に高専に赴任し，現在まで三十数年間教育現場に携わってまいりました。当初に比べて最近では機械工学を専攻しようとする学生の目的意識と力がじつにさまざまであることを痛感しております。こうした事情は，大学をはじめとする高等教育機関においても共通するのではないかと思います。

　修得すべき内容が増える一方で単位数の削減と多様化する学生に対応できるように，「機械系教科書シリーズ」を以下の編集方針のもとで発刊することに致しました。

1. 機械工学の現分野を広く網羅し，シリーズの書目を現行のカリキュラムに則った構成にする。
2. 各書目においては基礎的な事項を精選し，図・表などを多用し，わかり

やすい教科書作りを心がける。
3. 執筆者は現場の先生方を中心とし，演習問題には詳しい解答を付け自習も可能なように配慮する。

　現場の先生方を中心とした手作りの教科書として，本シリーズを高専はもとより，大学，短大，専門学校などで機械工学を志す方々に広くご活用いただけることを願っています。

　最後になりましたが，本シリーズの企画段階からご協力いただいた，平井三友 幹事，阪部俊也，丸茂榮佑，青木繁の各委員および執筆を快く引き受けていただいた各執筆者の方々に心から感謝の意を表します。

2000年1月

編集委員長　木本　恭司

まえがき

　人類はさまざまな技術を発展させてきた。現在，われわれが住んでいる地球の周りを数多くの人工衛星が飛んでいる。また，あの大きな機体の飛行機が自由に空を駆け巡っている。これらの機械には多くの最新技術が詰まっている。これらの機械では，状況を判断し，つねに修正を行い，目標を達成する技術が重要である。そして，この技術こそ，自動制御の技術である。

　現在のあらゆる機械，装置，そして家庭用機器にも制御技術が使われている。したがって，技術者のみならず，すべての人々に制御に関する知識が必要になってきている。特に技術者にとっては，制御理論の考え方，用語などは，知っていて当たり前の一般常識になりつつある。なかでも機械技術者にとっては，今後ますます重要になると考えられる。このことから，学生たちも制御に対する関心は強く，学習意欲も高いようである。

　しかしながら，勉強を始めると数式が多く，さまざまな理論が次々と展開されることから，どのように制御へとつながるのかを見失いがちであり，制御は難しいと感じる人が多くいるようである。力学系の学問は，物理現象を解析し理論展開をすることから，具体的な現象はわかっていることが多い。それに対して制御は，さまざまな要素の特性を統合する必要があることから，要素自身の表現法から，統合するための方法など，多岐にわたる学問であり，総合力を養うことが大切である。

　制御は，最終的には，制御系の設計ができればよいと考えられる。制御系の設計は，**9**章，**10**章で述べているが，これを使いこなすためには，**1**章から**8**章までの知識が必要であり，そこまでが長いことが難しさを感じさせる原因と思われる。読者自身，いま，制御系全体のどの部分の理論であるかを意識して学習することが大切である。

本書では，できるだけ制御系の設計につながる工夫として，多くの章で水位制御系を例に取り上げ，理解しやすくなるよう心掛けた。さらに，ロボット制御などで重要であるサーボ機構の設計の具体的方法を **10** 章で述べている。極論すれば，**9** 章，**10** 章が身に付けば制御は理解できたと考えてよい。もちろん，制御技術は日進月歩で進んでおり，その概略を **11** 章に述べているので，さらに最新技術へと進んでもらいたい。

本書が，一人でも多くの技術系学生や技術者の方々に，制御技術を学ぶ手がかりになれば，著者としてこんなに嬉しいことはない。

著者らの浅学のために，記述不足や少なからず誤りもあると思われるが，ご叱正をいただければ幸いである。

最後に，本書の出版にご尽力頂きましたコロナ社に厚く御礼申し上げる。

2007 年 4 月

著　　者

目　　　　次

1. 　自動制御とは

1.1 　制　御　と　は ……………………………………………………………… *1*
1.2 　人間が水位を制御する ………………………………………………… *2*
1.3 　機器が水位を制御する ………………………………………………… *5*
1.4 　水位の変化の数式化 …………………………………………………… *7*
　1.4.1 　水位の時間的変化 ………………………………………………… *7*
　1.4.2 　非線形方程式の線形化 …………………………………………… *8*
演習問題 ……………………………………………………………………………… *9*

2. 　制御に必要な数学の基礎知識

2.1 　三　角　関　数 ……………………………………………………………… *11*
2.2 　極　座　標　表　示 ………………………………………………………… *12*
2.3 　複　素　数　表　示 ………………………………………………………… *13*
2.4 　ラプラス変換 …………………………………………………………… *13*
　2.4.1 　ラプラス変換の定義 ……………………………………………… *13*
　2.4.2 　ラプラス変換の性質 ……………………………………………… *16*
2.5 　逆ラプラス変換 ………………………………………………………… *18*
演習問題 ……………………………………………………………………………… *24*

3. 　伝　達　関　数

3.1 　伝達関数の定義 ………………………………………………………… *25*
3.2 　制御系の基本的な6要素の伝達関数 ……………………………… *26*

目次

   3.2.1　比例要素の伝達関数 ……………………………………… 26
   3.2.2　一次遅れ要素の伝達関数 …………………………………… 28
   3.2.3　積分要素の伝達関数 ………………………………………… 29
   3.2.4　微分要素の伝達関数 ………………………………………… 29
   3.2.5　むだ時間要素の伝達関数 …………………………………… 30
   3.2.6　二次遅れ要素の伝達関数 …………………………………… 31
3.3　制御器の伝達関数 ……………………………………………… 33
演習問題 ……………………………………………………………… 35

4. ブロック線図

4.1　ブロック線図の描き方 ………………………………………… 37
4.2　ブロック線図の等価変換 ……………………………………… 40
演習問題 ……………………………………………………………… 43

5. 時間応答

5.1　時間応答とは …………………………………………………… 45
5.2　基本6要素の応答 ……………………………………………… 47
   5.2.1　比例要素の応答 ……………………………………………… 47
   5.2.2　積分要素の応答 ……………………………………………… 48
   5.2.3　微分要素の応答 ……………………………………………… 49
   5.2.4　一次遅れ要素の応答 ………………………………………… 50
   5.2.5　むだ時間要素の応答 ………………………………………… 53
   5.2.6　二次遅れ要素の応答 ………………………………………… 54
5.3　ステップ応答における特性パラメータ ……………………… 59
演習問題 ……………………………………………………………… 64

6. 周波数応答

6.1　周波数応答とは ………………………………………………… 66
6.2　周波数応答の求め方 …………………………………………… 67
6.3　周波数伝達関数 ………………………………………………… 69

6.4 周波数応答の図式表示法 ………………………………………… 70
   6.4.1 ベクトル軌跡 ………………………………………………… 70
   6.4.2 ボ ー ド 線 図 ………………………………………………… 70
   6.4.3 積分要素のベクトル軌跡とボード線図 …………………… 72
   6.4.4 微分要素のベクトル軌跡とボード線図 …………………… 73
   6.4.5 二次遅れ要素のベクトル軌跡とボード線図 ……………… 76
   6.4.6 むだ時間要素のベクトル軌跡とボード線図 ……………… 79
   6.4.7 直列結合のベクトル軌跡とボード線図 …………………… 80
6.5 開回路周波数特性から閉回路周波数特性を求める ……………… 82
6.6 ニコルス線図の使用法 ……………………………………………… 84
演習問題 …………………………………………………………………… 88

7. フィードバック制御の安定性

7.1 フィードバック制御の出力 ………………………………………… 89
7.2 制御系の特性方程式 ………………………………………………… 90
7.3 特性根と応答の関係 ………………………………………………… 91
7.4 根軌跡法により応答を知る ………………………………………… 93
7.5 根軌跡の基礎条件 …………………………………………………… 95
7.6 根軌跡の便利な性質 ………………………………………………… 97
7.7 根軌跡の利用法 ……………………………………………………… 100
演習問題 …………………………………………………………………… 104

8. 安 定 判 別 法

8.1 フルビッツの安定判別法 …………………………………………… 106
8.2 ラウスの安定判別法 ………………………………………………… 108
8.3 ナイキストの安定判別法 …………………………………………… 109
8.4 ナイキストの安定判別法による安定の度合い …………………… 111
8.5 ボード線図による安定判別法 ……………………………………… 112
演習問題 …………………………………………………………………… 114

9. 自動制御の設計

9.1 制御系設計の基本設計事項 …………………………………… *115*
9.2 安定性について …………………………………………………… *115*
9.3 定常偏差について ………………………………………………… *116*
9.4 速応性について …………………………………………………… *117*
演習問題 ……………………………………………………………… *123*

10. 自動制御の設計法

10.1 プロセス制御の設計 …………………………………………… *125*
10.2 サーボ機構の設計 ……………………………………………… *128*
　10.2.1 ゲイン K の調整 …………………………………………… *130*
　10.2.2 サーボ機構の特性補償 …………………………………… *134*
演習問題 ……………………………………………………………… *140*

11. 制御技術の現在と未来

11.1 シーケンス制御 ………………………………………………… *141*
11.2 非線形制御 ……………………………………………………… *142*
11.3 ディジタル制御 ………………………………………………… *143*
11.4 現代制御理論 …………………………………………………… *144*

引用・参考文献 …………………………………………………… *146*
演習問題解答 ……………………………………………………… *147*
索　　　引 ………………………………………………………… *162*

1

自動制御とは

　自動制御された最高傑作は人間である。そして自然界に生息する動物，植物たちである。彼らはいろいろな状況変化に対して，目的を達成するために自動制御している。このためには目的がはっきりしていることが重要であり，その目的に対して人間をはじめ自然界の生物は実に自然に制御を行っている。これが自動制御の究極であると考えられる。人類の進歩の中で自動制御装置は，数々作られてきた。古くは飛鳥時代の水時計における水位制御，そして自動制御を意識させた J. Watt の蒸気機関の遠心調速機を用いた回転数制御，さらにさまざまなロボットへと進化発展している。ますます進歩する自動制御装置ではあるが，改めて人間の機能の自動制御装置としての見事さには感心するばかりであり，このすばらしさを大切にしたいものである。

1.1 制御とは

　制御（control）とは，ある目的に適合するように，対象となっているものに所要の操作を加え，目的を達成することである。ここで，自動車を運転することを考えよう。自動車の運転者のおもな操縦は，ハンドル操作とアクセル操作・ブレーキ操作である。道路状況や周囲の交通状況，車の速度などを把握し，ハンドル操作やアクセル・ブレーキの踏み加減を行っている。**図 1.1** に自動車の運転の様子を示す。

　これを制御の立場で整理すると，自動車が**制御対象**（controlled system）であり，進みたい方向，走りたい速度が目的で，**目標値**（desired value）となる。そして実際の速度，方向が**制御量**（controlled variable）であり，この

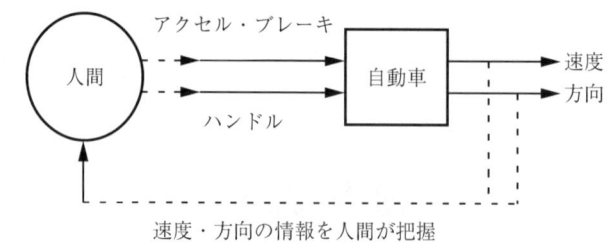

図 *1.1*　自動車の運転の様子

情報が**検出値**（detective value）である。そして目標値に合うように**判断**（judgment）して，適切なハンドル，アクセル・ブレーキ**操作量**（manipulated variable）を操作している。このように情報が操作側に帰ってくる流れがある。これを**フィードバック**（feedback）といい，自動制御の基本的な考えである。このように人間が操縦している制御を**手動制御**（manual control）といい，人間が行っている動作を機器に置き換えることで**自動制御**（automatic control）された自動車となる。つまり自動車は自動で動く車では決してなく，高度な技術（運転免許）が必要である乗り物である。

1.2　人間が水位を制御する

　自動制御の理論を考えるうえで，何が必要なのかを具体的な水槽の水位系を例として考えることにしよう。図 *1.2* に示す水槽の水位を目標の値になるように人間が入り口側の弁により調節することを考える。

　水槽へは給水管より一定の流量が入ってくるとする。人間の頭脳には，目標値が入っており，水槽の現在の水位を直接目で見て目標値と比較し，その差に応じて弁の開閉度を判断し，手で弁を操作する。そして，再び水位を測定し，同じ動作を繰り返し目標値と現在値が一致するまで続けられる。この一連の動作を整理すると以下のように表される。

1）　水槽の現在の水位 D を目で読み取る（**検出**）。
2）　これを目標値 C と比較する（**比較**）。

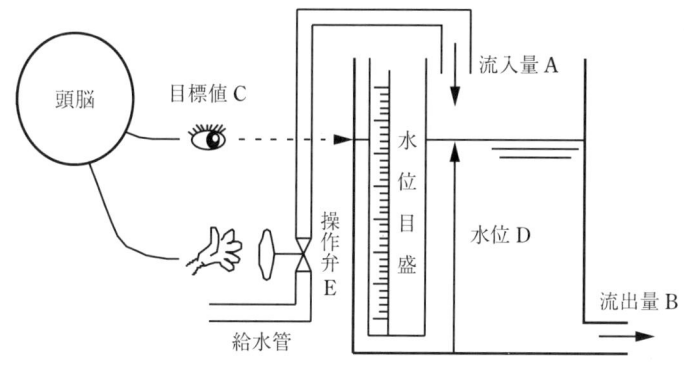

図 1.2 水位を目標の値にする

3) 目標値との差（C−D）に基づいて弁Eの操作量を判断する（**判断**）。
4) この判断に基づいて弁Eを操作する（**操作**）。
5) そして再び，水槽の水位Dを計測する。
6) 2) 以下の動作を繰り返す。

これらの動作のキーワードを図で表すと**図 1.3** のようになる。

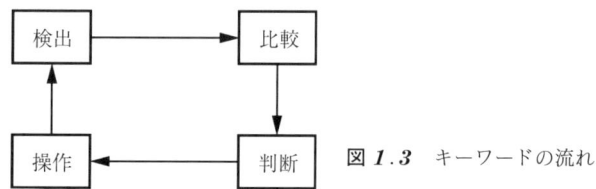

図 1.3 キーワードの流れ

つねに目標値に一致させるためには，この検出，比較，判断，操作，そして操作した結果の検出をするという一連の動作を行っていることがわかる。このように自動制御では一連の動作が必要であり，それぞれの特性に応じて順々に動作し，結果（水位）が決まることになる。

このように結果（水位の変化）から原因（流入量）の修正と循環するシステムがフィードバックである。

このため一連の動作がどのように伝わっているかをわかりやすくする線図が考え出された。**図 1.2** における水槽の水位制御の場合，**図 1.4** で表される。

人間がまず，現在の水位を目で見て，水位を測る。そして目標としている水

4　　1. 自動制御とは

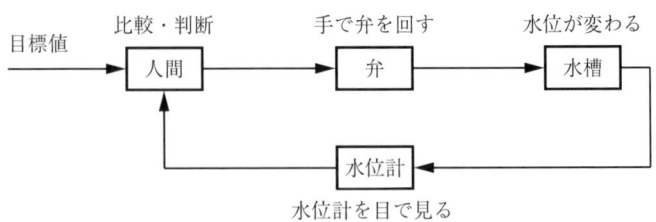

図 **1**.4　人間による水位制御の流れ

位と比較し，目標値より少ない場合，手で弁を開き流入量を増やすことになる。ここで，改めて水位を測り，目標値を越えていると，弁を少し閉じる等の動作を繰り返し，目標の水位になるように調整する。このように動作がつぎつぎと伝わっていくことになる。この矢印が信号を表していることとなり，信号に注目して整理すると**図 1.5**で表される。

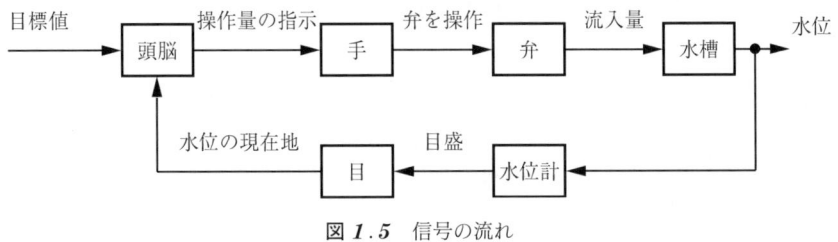

図 **1**.5　信号の流れ

図において，頭脳のブロックに信号が二つ入り，一つが出ていくことになり，具体的な値等がわからない難点があるため，工夫された。**図 1.5**をブロ

コーヒーブレイク

フィードバック

　試験はテストといわれ，知識や技術が確実に身に付いたかを調べるものである。テストされることは，誰しも好きではない。そして，得てして結果のみにこだわることが多い。しかしながら，そのテスト結果をいかにフィードバックして修正するかが重要である。赤ちゃんの歩き始めの修正しながらの努力を見習う必要があり，どの人もそれを見事にやり遂げてきた。若い人達にとっては，このフィードバック機能をあらゆるところで，きちんと生かすことでその成長が目覚ましいものとなる。

ック線図で表現すると図 **1.6** で表される。このように動作（信号）の進み方が容易にわかる方法として，物をブロックで囲み，信号の伝わり方を表す方法として，**ブロック線図**（block diagram）が考え出された。

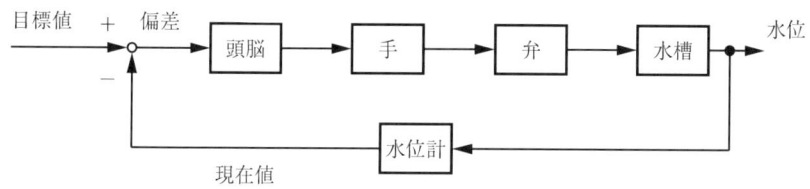

図 **1.6** 人間による水位制御のブロック線図

ブロック線図の詳細については，**4** 章で述べるが，つぎの二つの記号について説明する。

1）加え合わせ点　図 **1.7** において信号 c の値は信号 $(a-b)$ であることを表している。すなわち，$c=a-b$ である。このため，**加え合わせ点**（summing point）には，必ず符号（＋，－）が図のように記入される。加え合わせ点には，二つの信号を合わせることもできる。

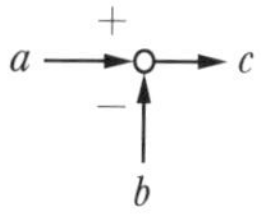

図 **1.7**

2）引き出し点　図 **1.8** において信号 a は枝分かれしたどこでも同じ a であることを表している。

引き出し点（pick-off point）は何箇所でもよい。

図 **1.8**

ブロック線図は信号経路を示すものであり，エネルギーの伝達は表していないことを注意する必要がある。

1.3　機器が水位を制御する

さて，図 **1.2** の水位制御において，自動制御にするためには，人間が行っていた動作を機器に置き換える必要があり，置き換えた場合を図 **1.9** に示す。

6   1. 自動制御とは

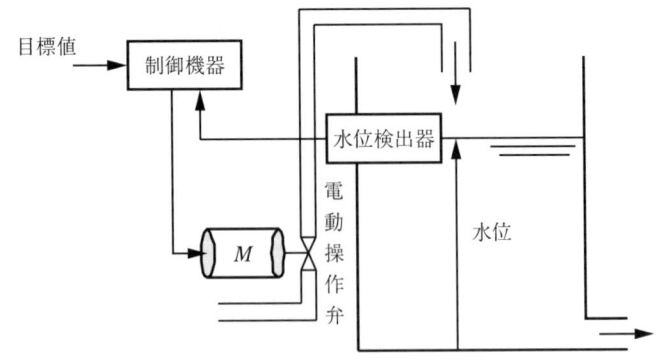

図 1.9 機器による水位制御

人間に代わってどのように機器が配置されたかを見てみよう。
1) 水位の検出は，人間の目に代わり，水圧を検知する差動変圧器を用いて，電圧として検出する。
2) 目標値も適当な変換器により基準電圧として出力され，検出値と比較される。
3) 比較の結果，両者の電圧の差があれば，この差を人間の脳に相当する調節器と呼ばれる制御器により判断し，その結果が電圧として出力される。
4) 人間の手に代わるモータ付弁に電流が流れ，弁の開度を加減する。

以上のように，人間が簡単に合わせていた水位も多くの機器を用いなくては実現できないことがわかる。

機器による水位制御のブロック線図は図 1.10 のように表される。

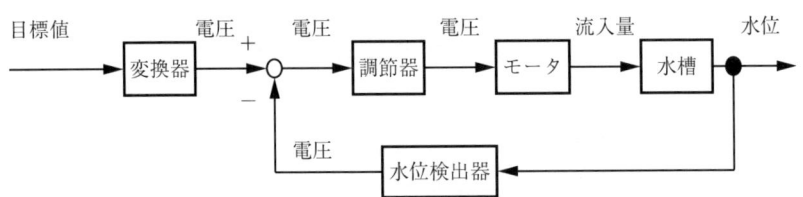

図 1.10 機器による水位制御のブロック線図

1.4 水位の変化の数式化

　自動制御をする場合，いままで述べてきたように多くの要素が連なって構成されることから，全体を考える場合，個々の要素の特性を数式化する必要がある。そこで水槽の水位変化の数式化を考えることにしよう。

1.4.1 水位の時間的変化

図 *1.2* の制御対象である水槽の水位変化は図 *1.11* で表すことができる。

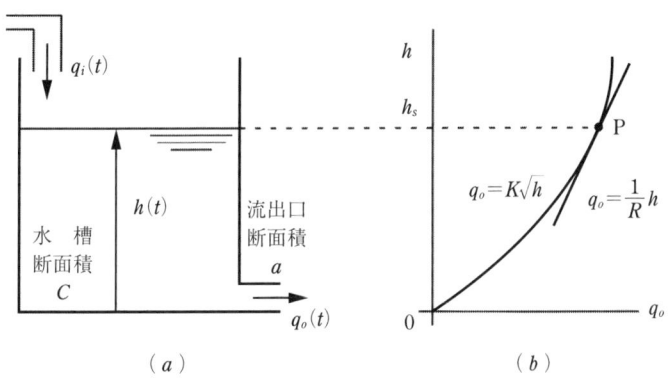

図 *1.11*　水槽の水位変化

　図中，$q_i(t)$ は流入流量，$q_o(t)$ は流出流量，$h(t)$ は水位，C は水槽断面積，a は流出口断面積を表している。

　水位 $h(t)$ は，流入流量 $q_i(t)$ と流出流量 $q_o(t)$ との差によって変化する。すなわち次式となる。

$$C\frac{dh(t)}{dt}=q_i(t)-q_o(t) \tag{1.1}$$

　一方，流出流量 $q_o(t)$ は水位 $h(t)$ で決まり，トリチェリの定理より

$$q_o(t)=\alpha a\sqrt{2gh(t)} \tag{1.2}$$

となる。ここで α は流量係数である。

式 (1.1) と式 (1.2) により，水位 $h(t)$ の時間的変化は

$$C\frac{dh(t)}{dt} + \alpha a\sqrt{2gh(t)} = q_i(t) \tag{1.3}$$

となる。ここで，水位 $h(t)$ は第二項 $\sqrt{h(t)}$ で表されることから，式 (1.3) は非線形方程式となる。このことから，水位 $h(t)$ を求めるのは困難である。

図 **1.11** (b) で表されるような比例関係にないものは，一般的に非線形であり，その変化の度合いは水位の状態によって変わってしまう。このように直線的な関係にない場合，直線近似をして求めることが多い。近似の方法としては微小変動法が用いられ，微小な変化であれば，直線的変化とほとんど誤差がないとの考え方であり，次項で式 (1.3) の線形化近似について説明する。

1.4.2 非線形方程式の線形化

制御の場合，一般には平衡状態からの変化が重要であり，まず平衡状態を考える。水位 $h(t)$ が h_s で平衡状態である場合，流入流量 $q_i(t)$ が q_{is} であったとすると，平衡状態であることから，次式が成立する。

$$q_{is} = q_o = q_{os} = \alpha a\sqrt{2gh_s} \tag{1.4}$$

この平衡状態 q_{is} から Δq_i だけ流量が変化したとき，水位 $h(t)$ は h_s から Δh だけ変化する。このことにより，式 (1.3) は次式となる。

$$q_i(t) = q_{is} + \Delta q_i, \qquad h(t) = h_s + \Delta h,$$

$$C\left\{\frac{dh_s}{dt} + \frac{d\Delta h}{dt}\right\} + \alpha a\sqrt{2g(h_s + \Delta h)} = q_{is} + \Delta q_i \tag{1.5}$$

ここで，式 (1.5) の第二項は

$$\alpha a\sqrt{2g(h_s + \Delta h)} = \alpha a\sqrt{2gh_s}\left(1 + \frac{\Delta h}{h_s}\right)^{\frac{1}{2}}$$

と変形できる。この式を二項展開すると

$$\alpha a\sqrt{2gh_s}\left(1 + \frac{\Delta h}{h_s}\right)^{\frac{1}{2}} = \alpha a\sqrt{2gh_s}\left[1 + \frac{1}{2}\left(\frac{\Delta h}{h_s}\right) - \frac{1}{8}\left(\frac{\Delta h}{h_s}\right)^2 + \cdots\right] \tag{1.6}$$

ここで，微小変化であることから，$\Delta h_s \ll h_s$ となる。よって，第二項以降の微

小項は無視することができるため，次式で置き換えることができる。

$$\alpha a\sqrt{2gh_s}\left\{1+\frac{1}{2}\left(\frac{\Delta h}{h_s}\right)\right\}=\alpha a\sqrt{2gh_s}+\frac{\alpha a}{2}\cdot\frac{\sqrt{2g}}{\sqrt{h_s}}\Delta h \qquad (1.7)$$

したがって，式 (1.5) は，h_s が一定値であることから，$dh_s/dt=0$ であり

$$C\frac{d\Delta h}{dt}+\alpha a\sqrt{2gh_s}+\frac{1}{R}\Delta h=q_{is}+\Delta q_i \qquad (1.8)$$

となる。ここで，R は次式で示す定数である。

$$R=\frac{2}{\alpha a}\cdot\frac{\sqrt{h_s}}{\sqrt{2g}}$$

また，式 (1.4) より，$q_{is}=\alpha a\sqrt{2gh_s}$ であり，$\alpha a=q_{is}/\sqrt{2gh_s}$ であることから

$$R=2\frac{\sqrt{2gh_s}}{q_{is}}\cdot\frac{\sqrt{h_s}}{\sqrt{2g}}=\frac{2h_s}{q_{is}} \qquad (1.9)$$

となる。すなわち，非線形方程式の平衡状態からの変化については，式 (1.3) は次式で近似できる。

$$C\frac{d\Delta h}{dt}+\frac{1}{R}\Delta h=\Delta q_i \qquad (1.10)$$

ここで，それぞれの変化量を $h(t)$，$q_i(t)$ と置き換えると

$$C\frac{dh(t)}{dt}+\frac{1}{R}h(t)=q_i(t) \qquad (1.11)$$

で表され，入力 $q_i(t)$ と出力 $h(t)$ の関係は，線形の常微分方程式で近似できる。

このように一つの要素の入力と出力の関係は微分方程式で表されるものが多い。これらが連なってくると，式はより複雑となり取扱いが大変である。そこで，制御ではラプラス変換など数学的な知識が必要となる。

演 習 問 題

【1】 水洗トイレの水タンクの水位はどのようにして制御されているかを述べよ。

【2】 夜になると点灯し，朝になると消灯する街灯の制御について述べよ。

1. 自動制御とは

【3】 ホームこたつの温度制御について，自動制御のキーワードとの関係で説明せよ。

【4】 CDプレーヤには多くの制御が用いられている。以下の制御系について調べて述べよ。
　　（1） トラッキングサーボシステム
　　（2） フォーカシングサーボシステム

【5】 カメラのオートフォーカス機構について述べよ。

【6】 最近の自動車には多くの制御が使用されている。どんな制御システムがあるかを調査してみよう。

2

制御に必要な数学の基礎知識

　自動制御を学ぶには，数学的な基礎知識が必要であり，ここでは，制御理論を理解するうえで必要な数学の準備を行う。

2.1 三 角 関 数

　周期的に変化する現象を表現する方法として，三角関数が用いられる。周期を T，振幅を A とすると，次式のように表される。

$$f(t) = A \sin(2\pi f t + \phi) \tag{2.1}$$

ここで，$f=1/T$〔Hz, 1/s〕，t：時間〔s〕，ϕ：初期位相角〔rad〕である。

　正弦波関数 $\sin \theta$ の変数 θ は角度であり，三角関数の変数は角度の次元であることから，つねに角度の次元になるような工夫が必要である。この場合，周期 T を周波数 f（単位はヘルツ〔Hz〕）に変換し，時間の変化による角度変化で表すことになる。また，$2\pi f = \omega$（角周波数〔rad/s〕）であることから，次式で表現されることが多い。

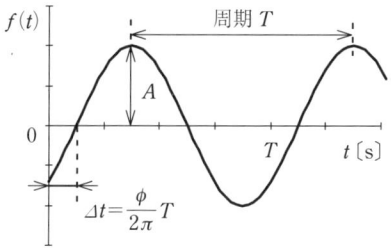

図 2.1　正弦波関数（時間 t）

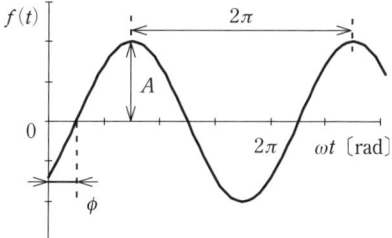

図 2.2　正弦波関数（角度 ωt）

12   2. 制御に必要な数学の基礎知識

$$f(t) = A\sin(\omega t + \phi) \qquad (2.2)$$

この現象を図で表す場合も横軸は時間 t，あるいは角度 ωt となり，**図2.1** あるいは**図2.2**の2種類となることから注意が必要である。

2.2 極座標表示

周期的に変化する現象は，**図2.3**で示すベクトルの回転によっても表現できる。

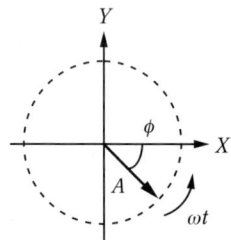

図2.3　ベクトルの回転 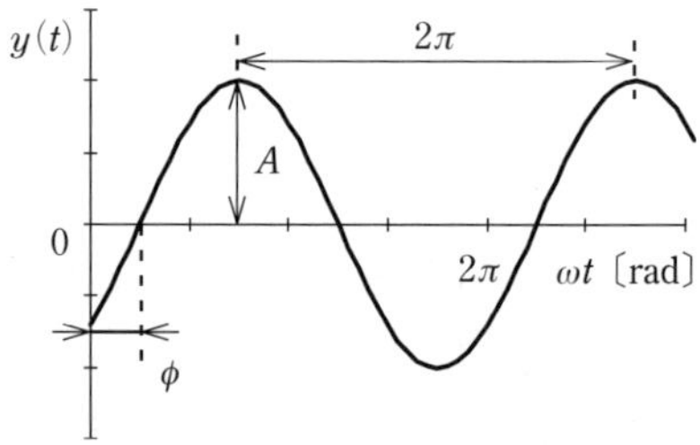　　図2.4　回転ベクトルの y 軸への投射影

図2.3において，長さ A のベクトルが角周波数 ω で回転していると，ある時間 t における位置は ωt で表され，一周する角度は 2π であり，時間が周期 T となる。この回転ベクトルの y 軸への投射影は時間とともに変化し，**図2.4**が正弦波関数式（2.1）となり，同じ現象を表している。

極座標での数式表示は指数関数を用い，次式のように表される。

$$y(t) = Ae^{j\omega t} = A(\cos \omega t + j\sin \omega t) \qquad (2.3)$$

ここで，j は虚数を表し，$j=\sqrt{-1}$ である。数学では i で表されるが，工学では，電流 i が用いられることから，j が使用される。極座標系での表現は，微分，積分を行っても $e^{j\omega t}$ が含まれることから，計算が容易となりよく使用されるが，基本的な内容は，虚数部を考えれば正弦波表示と同じである。

2.3 複素数表示

図 2.3 において縦軸を虚数軸とし，横軸を実数軸とすると，複素数表示のベクトルは図 2.5 で表され，実数部（real part：Re）を a，虚数部（imaginary part：Im）を b とすると，ベクトルの先端は $s=a+bj$ で表される。

この場合のベクトルの長さ A，正の実軸とのなす角 θ（反時計回りを＋）は図の関係から次式となる。

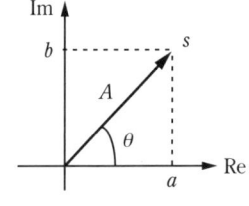

図 2.5 複素数表示のベクトル

$$A=\sqrt{a^2+b^2} \quad (2.4)$$

$$\theta=\tan^{-1}\frac{b}{a} \quad (2.5)$$

ここで，長さ A は絶対値とも呼ばれ，角度 θ は位相または偏角と呼ばれ，それぞれ次式で表される。

$$A=|s|=\sqrt{a^2+b^2}=\sqrt{\mathrm{Re}^2+\mathrm{Im}^2} \quad (2.6)$$

$$\theta=\angle s=\tan^{-1}\frac{b}{a}=\tan^{-1}\frac{\mathrm{Im}}{\mathrm{Re}} \quad (2.7)$$

つまり，複素数表示も複素数ベクトルを考えれば，極座標表示と同じであることからよく使用される。

2.4 ラプラス変換

2.4.1 ラプラス変換の定義

1 章で述べたように制御においては，要素がつながり，入力と出力の関係が重要である。この入出力の関係は，微分方程式で表される場合が多く，時間的変化が重要となる。この時間変化を知るには，微分方程式を解く必要があるが，一般には解を求めるのは面倒である。また，要素のつながりを表現するう

えでも複雑になる。そこで，先人の研究の結果である，ラプラス変換した式を用いると，うまく整理ができる。さらに後述する制御特性の理論展開でもうまく整理できる。制御では，ラプラス変換した演算子 s の領域での議論となることから，ラプラス変換は非常に重要な数学である。

ここでは，単純に時間関数 $f(t)$ が演算子 s の関数 $F(s)$ に変換されると考えると，**ラプラス変換**（Laplace transform）の定義式は次式で表される。

$$F(s) = \int_0^\infty f(t) e^{-st} dt \tag{2.8}$$

ここで s は複素数であり，$s = \alpha + j\beta$ となることが少し難しい印象を与えているが，数学的な意味等は数学に任せ，単純に演算子と考える。式（2.8）により求められた関数 $F(s)$ は複素関数となる。すなわち時間関数 $f(t)$ はラプラス変換により，演算子 s の関数 $F(s)$ に変換される。ラプラス変換する記号を次式のように表し，式（2.8）の積分は制御では通常行わず，すでに求められている変換表（**表 2.1**）を用いるのが便利である。

$$F(s) = \int_0^\infty f(t) e^{-st} dt = \mathscr{L}[f(t)] \tag{2.9}$$

ここで，制御でよく使用される簡単な時間関数のラプラス変換の計算例を挙げる。

表 2.1 ラプラス変換表

	時間関数 $f(t)$	演算子 s 関数 $F(s)$		時間関数 $f(t)$	演算子 s 関数 $F(s)$
(1)	$u(t)$	$\dfrac{1}{s}$	(6)	$\sin(\omega t)$	$\dfrac{\omega}{s^2+\omega^2}$
(2)	$\delta(t)$	1	(7)	$\cos(\omega t)$	$\dfrac{s}{s^2+\omega^2}$
(3)	t	$\dfrac{1}{s^2}$	(8)	$f(t-L)$	$e^{-Ls}F(s)$
(4)	$e^{-\alpha t}$	$\dfrac{1}{s+\alpha}$	(9)	$e^{-\alpha t}\sin(\omega t)$	$\dfrac{\omega}{(s+\alpha)^2+\omega^2}$
(5)	$t^n e^{-\alpha t}$	$\dfrac{n!}{(s+\alpha)^{n+1}}$	(10)	$e^{-\alpha t}\cos(\omega t)$	$\dfrac{s+\alpha}{(s+\alpha)^2+\omega^2}$

2.4 ラプラス変換   15

1) 単位ステップ関数のラプラス変換（図 2.6）

$$f(t)=u(t)=\begin{cases}0 & (t<0)\\ 1 & (0\leq t)\end{cases}$$

$$F(s)=\int_0^\infty u(t)e^{-st}dt$$

$$=\int_0^\infty 1e^{-st}dt=\left[\frac{-e^{-st}}{s}\right]_0^\infty=\frac{1}{s}$$

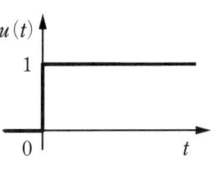

図 2.6

2) 単位インパルス関数のラプラス変換（図 2.7）

$$f(t)=\delta(t)=\begin{cases}0 & (t\neq 0)\\ \infty & (t=0)\end{cases}$$

$$\int_{-\varepsilon}^{+\varepsilon}\delta(t)dt=1$$

$$F(s)=\int_0^\infty \delta(t)e^{-st}dt=1$$

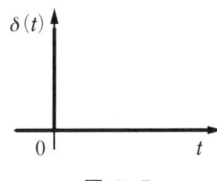

図 2.7

3) ランプ関数のラプラス変換（図 2.8）

$$f(t)=t$$

$$F(s)=\int_0^\infty te^{-st}dt$$

$$=\frac{1}{-s}[te^{-st}]_0^\infty-\frac{1}{-s}\int_0^\infty 1e^{-st}dt=\frac{1}{s^2}$$

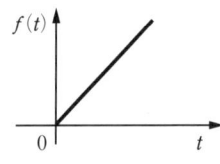

図 2.8

4) 片側指数関数のラプラス変換（図 2.9）

$$f(t)=e^{at}$$

$$F(s)=\int_0^\infty e^{at}e^{-st}dt=\int_0^\infty e^{-(s-a)t}dt=\frac{1}{s-a}$$

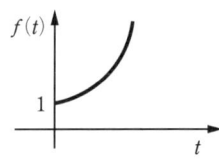

図 2.9

5) 単位パルス関数のラプラス変換
   （図 2.10, 図 2.11）

$$f(t)=u(t-a)-u(t-b)=f_1(t)-f_2(t)$$

$$F_1(s)=\frac{1}{s}e^{-as},\ \ F_2(s)=\frac{1}{s}e^{-bs}$$

ゆえに，次式となる。

$$F(s)=\frac{1}{s}(e^{-as}-e^{-bs})$$

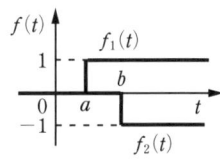

図 2.10

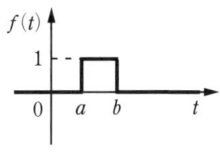

図 2.11

例題 2.1 正弦波関数 $f(t)=\sin \omega t$ のラプラス変換をしてみよ。

【解答】 正弦波関数はオイラーの公式を利用すると，次式のように変換される。

$$f(t)=\sin \omega t=\frac{e^{j\omega t}-e^{-j\omega t}}{2j}$$

よって，正弦波関数のラプラス変換は次式のように求められる。

$$F(s)=\int_0^\infty \sin \omega t \cdot e^{-st} dt = \int_0^\infty \frac{e^{j\omega t}}{2j} e^{-st} dt - \int_0^\infty \frac{e^{-j\omega t}}{2j} e^{-st} dt$$

$$=\frac{1}{2j}\int_0^\infty e^{-(s-j\omega)t} dt - \frac{1}{2j}\int_0^\infty e^{-(s+j\omega)t} dt$$

$$=\frac{1}{2j}\cdot\frac{1}{s-j\omega}-\frac{1}{2j}\cdot\frac{1}{s+j\omega}=\frac{\omega}{s^2+\omega^2} \qquad \diamondsuit$$

2.4.2 ラプラス変換の性質

ラプラス変換は式（2.1）の定義により，以下の性質が求められるが，ここでは証明は省略し結果のみを示すことにする。重要な性質であるとともに有効に使用できる。

まず，$F(s)=\mathscr{L}[f(t)]$ とする。

1）線形性

$$\mathscr{L}[K_1 f_1(t)+K_2 f_2(t)]=K_1 F_1(s)+K_2 F_2(s) \qquad (2.10)$$

K_1，K_2 は定数である。

2）微　分

$$\mathscr{L}\left[\frac{d}{dt}f(t)\right]=sF(s)-f(0) \qquad (2.11)$$

$$\mathscr{L}\left[\frac{d^n}{dt^n}f(t)\right]=s^n F(s)-\sum_{k=1}^n s^{n-k} f^{(k-1)}(0) \qquad (2.12)$$

ただし，$f(0)$ は初期値である。

3）積　分

$$\mathscr{L}\left[\int_0^t f(t)\,dt\right]=\frac{F(s)}{s}+\frac{f^{(-1)}(0)}{s} \qquad (2.13)$$

2.4 ラプラス変換

$$\mathscr{L}\left[\int\cdots\int f(t)(dt)^n\right]=\frac{F(s)}{s^n}+\sum_{k=1}^{n}\frac{f^{(-k)}(0)}{s^{n-k+1}} \qquad (2.14)$$

4) 時間的なずれ

$$\mathscr{L}[f(t-a)]=e^{-as}F(s) \qquad (2.15)$$

5) 最終値の定理，初期値の定理

$$f(\infty)=\lim_{t\to\infty}f(t)=\lim_{s\to 0}\{sF(s)\} \qquad (2.16)$$

$$f(0)=\lim_{t\to 0}f(t)=\lim_{s\to\infty}\{sF(s)\} \qquad (2.17)$$

6) 畳込み積分

$$f(t)=\int_0^t f_1(t-\tau)f_2(\tau)d\tau=\int_0^t f_1(\tau)f_2(t-\tau)d\tau \qquad (2.18)$$

を $f_1(t)$ と $f_2(t)$ の畳込み積分（合成積）といい，$f(t)=f_1(t)*f_2(t)$ なる記号で表す．

$$\begin{aligned}\mathscr{L}[f(t)]&=\int_0^\infty\left\{\int_0^t f_1(t-\tau)f_2(\tau)d\tau\right\}e^{-st}dt\\&=\left\{\int_0^\infty f_1(t-\tau)e^{-s(t-\tau)}dt\right\}\left\{\int_0^\infty f_2(\tau)e^{-s\tau}d\tau\right\}\\&=F_1(s)F_2(s)\end{aligned} \qquad (2.19)$$

7) 積のラプラス変換

$f_1(t)$ のラプラス変換が次式の多項式の比で表される場合

$$\mathscr{L}[f_1(t)]=\frac{q(s)}{p(s)} \qquad (2.20)$$

コーヒーブレイク

先人たち，Laplace（1749〜1827）

　数学者は，頭のよい人だと思う．数式を考え出し，論理を組み立て，定理，公理などを作り出していく．われわれ技術者は，それらを使わせてもらっている．物理現象の表現，空間の表現，時間的経過の表現など数知れない．自動制御の理論に欠かせないラプラス変換の考え方は1779年に発表されている．実にいまから230年も昔であり，日本の江戸時代中期であることに驚きを禁じ得ない．優秀な先人たちの偉業に感謝して，s 関数に親しもう．

$p(s)=0$ が重根をもたず,積となる関数 $f_2(t)$ が $\mathscr{L}[f_2(t)]=F_2(s)$ であると,$f(t)=f_1(t)f_2(t)$ のラプラス変換は,次式となる。

$$\mathscr{L}[f(t)]=\mathscr{L}[f_1(t)f_2(t)]=\sum_{k=1}^{n}\frac{q(s_k)}{p'(s_k)}F_2(s-s_k) \qquad (2.21)$$

ただし,$p(s)=0$ の根が $s_1, s_2, \cdots, s_n$ である。

ここで,時間関数 t の領域と演算子 s の領域の関係を図 **2.12** に示す。

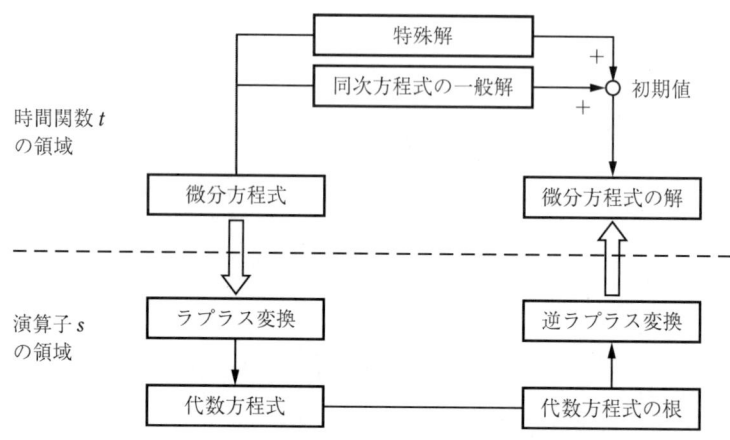

図 **2.12** 時間関数 t の領域と演算子 s の領域の関係

2.5 逆ラプラス変換

演算子 s の領域での理論が多いが,実際に時間領域ではどうなっているかを知ることも重要であり,その場合には $F(s)$ を逆に変換し $f(t)$ を求めることになる。これを**逆ラプラス変換**(inverse Laplace transform)という。

数学的には逆ラプラス変換は,式 (2.22) で定義される。

$$f(t)=\frac{1}{2\pi j}\int_{\sigma-j\omega}^{\sigma+j\omega}F(s)e^{st}ds \qquad (t>0) \qquad (2.22)$$

ここで,σ は実定数である。この積分は複素積分であり,かなり面倒であることから通常は変換表により逆変換を行う。よって,逆ラプラス変換は,式 (2.23) のように表される。

2.5 逆ラプラス変換

$$f(t) = \mathcal{L}^{-1}[F(s)] \tag{2.23}$$

基本的には，**表 2.1** に示したラプラス変換表により，$F(s)$ から $f(t)$ を求めればよい．しかしながら，変換表がそのまま使用できる場合は少ない．そこで，一般には変換表が使えるように変形をして，求めることとなる．

制御工学で扱う s 関数は，一般的には多項式の比で表すことができる．

$$F(s) = \frac{b_0 s^m + b_1 s^{m-1} + b_2 s^{m-2} + \cdots + b_m}{a_0 s^n + a_1 s^{n-1} + a_2 s^{n-2} + \cdots + a_n} = \frac{q(s)}{p(s)} \qquad (n \geq m) \tag{2.24}$$

この式を**表 2.1** に合う形の部分分数に展開する方法がとられる．

$$F(s) = \frac{q(s)}{p(s)} = \frac{q(s)}{(s-s_1)(s-s_2)\cdots(s-s_n)} \tag{2.25}$$

$$F(s) = \frac{K_1}{s-s_1} + \frac{K_2}{s-s_2} + \cdots + \frac{K_n}{s-s_n} \tag{2.26}$$

この式 (2.26) の係数を決めることで，逆変換ができる．

$$f(t) = K_1 e^{s_1 t} + K_2 e^{s_2 t} + \cdots + K_n e^{s_n t} \tag{2.27}$$

例題 2.2 つぎの s 関数を逆変換してみよ．

$$F(s) = \frac{2s+3}{s^2+4s+3} \tag{2.28}$$

【解答】 変換表には，すぐ当てはまらないことから，式 (2.28) を変形する．

$$F(s) = \frac{2s+3}{s^2+4s+3} = \frac{c_1}{s+1} + \frac{c_2}{s+3} = \frac{(c_1+c_2)s + (3c_1+c_2)}{(s+1)(s+3)} \tag{2.29}$$

ゆえに，$c_1+c_2=2$，$3c_1+c_2=3$ より，$c_1=1/2$，$c_2=3/2$ となる．

$$F(s) = \frac{1}{2} \cdot \frac{1}{s+1} + \frac{3}{2} \cdot \frac{1}{s+3} \tag{2.30}$$

$$f(t) = \mathcal{L}^{-1}\left[\frac{1}{2} \cdot \frac{1}{s+1} + \frac{3}{2} \cdot \frac{1}{s+3}\right] = \frac{1}{2}e^{-t} + \frac{3}{2}e^{-3t} \tag{2.31}$$

◇

この例題のように，変換表に合うよう部分分数に分け，係数を求めることで逆変換できるが，次数が多い場合，困難であることから，一般的には以下の留数の計算が用いられる．

1) $F(s)$ の分母 $p(s)=0$ の根がすべて異なる場合

$$F(s) = \frac{q(s)}{(s-s_1)(s-s_2)\cdots(s-s_n)}$$

$$= \frac{K_1}{s-s_1} + \frac{K_2}{s-s_2} + \cdots + \frac{K_n}{s-s_n} \qquad (2.32)$$

係数 $K_1, K_2, \cdots, K_n$ は $F(s)$ の $s_1, s_2, \cdots, s_n$ における留数と呼ばれ，つぎの方法で求めることができる。

K_1 は，式 (2.32) の両辺に分母 $(s-s_1)$ を掛け，$s=s_1$ とすればよい。すなわち，次式となる。

$$(s-s_1)F(s) = K_1 + \frac{K_2}{s-s_2}(s-s_1) + \cdots + \frac{K_n}{s-s_n}(s-s_1) \qquad (2.33)$$

ここで，$s=s_1$ とすると，K_1 は次式により求めることができる。

$$K_1 = \left[\frac{q(s)}{(s-s_2)\cdots(s-s_n)}\right]_{s=s_1} \qquad (2.34)$$

同様に，$K_2, \cdots, K_n$ は順次求めることができ，逆ラプラス変換をすることができる。すなわち，次式となる。

$$f(t) = \mathcal{L}^{-1}[F(s)] = K_1 e^{s_1 t} + K_2 e^{s_2 t} + \cdots + K_n e^{s_n t} \qquad (2.35)$$

例題 2.3 つぎの s 関数を逆変換し，$f(t)$ を求めよ。

$$F(s) = \frac{s+3}{s(s+1)(s+2)}$$

【解答】 まず，$F(s)$ を以下のように部分分数に展開する。

$$F(s) = \frac{s+3}{s(s+1)(s+2)} = \frac{K_0}{s} + \frac{K_1}{(s+1)} + \frac{K_2}{(s+2)}$$

つぎに，各係数 K_0, K_1, K_2 を求める。

$$K_0 = [sF(s)]_{s=0} = \left[\frac{s+3}{(s+1)(s+2)}\right]_{s=0} = \frac{3}{2}$$

$$K_1 = [(s+1)F(s)]_{s=-1} = \left[\frac{s+3}{s(s+2)}\right]_{s=-1} = -2$$

$$K_2 = [(s+2)F(s)]_{s=-2} = \left[\frac{s+3}{s(s+1)}\right]_{s=-2} = \frac{1}{2}$$

ゆえに

$$f(t) = \frac{3}{2} - 2e^{-t} + \frac{1}{2}e^{-2t}$$

となる。   ◇

例題 2.4 つぎの s 関数を逆変換し，$f(t)$ を求めよ。

$$F(s) = \frac{s+1}{s^2 + 4s + 5}$$

【解答】 分母 $p(s) = s^2 + 4s + 5 = 0$ の根は，$s_1, s_2 = -2 \pm j$ である。二つの根より，部分分数に展開する。

$$F(s) = \frac{s+1}{(s+2-j)(s+2+j)} = \frac{K_1}{s+2-j} + \frac{K_2}{s+2+j}$$

つぎに，各係数 K_1, K_2 を求める。

$$K_1 = [(s+2-j)F(s)]_{s=-2+j} = \left[\frac{s+1}{s+2+j}\right]_{s=-2+j} = 0.5 + j0.5$$

$$K_2 = [(s+2+j)F(s)]_{s=-2-j} = \left[\frac{s+1}{s+2-j}\right]_{s=-2-j} = 0.5 - j0.5$$

となる。共役複素根の場合，係数も共役複素数となることから，係数すべてを求める必要はなくなる。ゆえに

$$f(t) = \mathscr{L}^{-1}\left[\frac{0.5+j0.5}{s+2-j} + \frac{0.5-j0.5}{s+2+j}\right]$$

$$= (0.5+j0.5)e^{(-2+j)t} + (0.5-j0.5)e^{(-2-j)t}$$

$$= e^{-2t}(\cos t - \sin t) = \sqrt{2} e^{-2t} \cos\left(t + \frac{\pi}{4}\right)$$

になることを各自試みること。ここで，共役複素根の場合は周期関数 sin あるいは cos で表されることを記憶しておくと便利である。   ◇

2) $F(s)$ の分母 $p(s) = 0$ の根が重根をもつ場合

$$F(s) = \frac{q(s)}{p(s)} = \frac{q(s)}{(s-s_m)^r (s-s_1) \cdots (s-s_n)} \quad (s = s_m \text{ の根が } r \text{ 個ある})$$

$$= \frac{K_{m1}}{(s-s_m)^r} + \frac{K_{m2}}{(s-s_m)^{r-1}} + \cdots + \frac{K_{mr}}{s-s_m} + \frac{K_1}{s-s_1} + \cdots + \frac{K_n}{s-s_n}$$

$$(2.36)$$

係数 K_{m1} は，両辺に $(s-s_m)^r$ を掛け，$s = s_m$ とすることで求めることができ

る．すなわち，次式となる．

$$(s-s_m)^r F(s) = K_{m1} + K_{m2}(s-s_m) + K_{m3}(s-s_m)^2 + \cdots \quad (2.37)$$

ここで，$s=s_m$ とすると，K_{m1} は次式により求めることができる．

$$K_{m1} = \left[(s-s_m)^r \frac{q(s)}{p(s)} \right]_{s=s_m} \quad (2.38)$$

ところが，K_{m2} 以降の係数は同様に分母の式を掛けても求められない．そこで式（2.37）を s で微分することで K_{m2} が求めることができることがわかる．すなわち，次式となる．

$$\frac{d}{ds}\left[(s-s_m)^r \frac{q(s)}{p(s)} \right] = K_{m2} + 2K_{m3}(s-s_m) + \cdots \quad (2.39)$$

ここで，$s=s_m$ とすると

$$K_{m2} = \left[\frac{d}{ds}(s-s_m)^r \frac{q(s)}{p(s)} \right]_{s=s_m} \quad (2.40)$$

となる．同様に，さらに s で微分することで，順次 K_{m3} 以降の係数を求めることができる．

例題 2.5 つぎの s 関数を逆変換し，$f(t)$ を求めよ．

$$F(s) = \frac{5}{s^2(s-1)}$$

【解答】 まず，$F(s)$ を以下のように部分分数に展開する．

$$F(s) = \frac{5}{s^2(s-1)} = \frac{K_{02}}{s^2} + \frac{K_{01}}{s} + \frac{K_1}{s-1}$$

つぎに，各係数 K_{01}，K_{02}，K_1 を求める．

$$K_{02} = [s^2 F(s)]_{s=0} = \left[\frac{5}{s-1} \right]_{s=0} = -5$$

$$K_{01} = \left[\frac{d}{ds} s^2 F(s) \right]_{s=0} = \left[\frac{-5}{(s-1)^2} \right]_{s=0} = -5$$

$$K_1 = [(s-1)F(s)]_{s=1} = \left[\frac{5}{s^2} \right]_{s=1} = 5$$

ゆえに，$f(t) = -5t - 5 + 5e^t$ となる． ◇

2.5 逆ラプラス変換

例題 2.6 図 1.11 の水槽の水位の時間応答をラプラス変換により求めよ。

【解答】 図 1.11 の水槽において、水槽の水位に関する微分方程式は、式 (1.11) より、次式のように成立する。

$$C\frac{dh(t)}{dt} + \frac{1}{R}h(t) = q_i(t)$$

まず、両辺をラプラス変換する。ここで、$\mathscr{L}[h(t)] = H(s)$、$\mathscr{L}[q_i(t)] = Q_i(s)$ とする。

$$C\{sH(s) - h(0)\} + \frac{1}{R}H(s) = Q_i(s)$$

上式において、$h(0)$ は $t=0$ における初期状態を表す。ここでは、$h(0) = h_s$ とし、式を変形すると

$$H(s) = \frac{R}{CRs+1}Q_i(s) + \frac{CR}{CRs+1}h_s$$

となる。流入量 $q_i(t)$ がステップ状に q_i 変化したとすると、$Q_i(s) = q_i/s$ となる。よって、水位は

$$H(s) = \frac{R}{CRs+1} \cdot \frac{q_i}{s} + \frac{CR}{CRs+1}h_s$$

で表される。この式を逆ラプラス変換するために、部分分数に変形し、各係数を求める。

$$H(s) = \frac{K_0}{s} + \frac{K_1}{s + \frac{1}{CR}} + \frac{h_s}{s + \frac{1}{CR}}$$

$$K_0 = [sH(s)]_{s=0} = \left[\frac{Rq_i}{CRs+1}\right]_{s=0} = Rq_i$$

$$K_1 = \left[\left(s + \frac{1}{CR}\right)H(s)\right]_{s=-\frac{1}{CR}} = \left[\frac{\frac{q_i}{C}}{s}\right]_{s=-\frac{1}{CR}} = -Rq_i$$

ゆえに

$$H(s) = Rq_i\frac{1}{s} - Rq_i\frac{1}{s + \frac{1}{CR}} + h_s\frac{1}{s + \frac{1}{CR}}$$

となり、逆ラプラス変換すると

$$h(t) = \mathscr{L}^{-1}[H(s)] = Rq_i(1 - e^{-\frac{1}{CR}t}) + h_s e^{-\frac{1}{CR}t}$$

となり、微分方程式の解が容易に求められる。 ◇

演 習 問 題

【1】 振幅 2 cm で変動変位している周期が 0.2 s である。$t=0$ における初期変位が 0.5 cm である現象を三角関数ならびに極座標表示で表せ。

【2】 複素数ベクトルにおいて，ベクトルの先端が $s=3+4j$ で表される場合，絶対値（長さ），偏角（角度）を求めよ。

【3】 $f(t)=A\cos\omega t$ のラプラス変換をラプラス変換の定義式より求めよ。

【4】 つぎの時間関数 $f(t)$ のラプラス変換をラプラス変換表より求めよ。
（1） $f(t)=1+2t+3t^2$ （2） $f(t)=te^{2t}$
（3） $f(t)=2\cos 2t+3\sin 3t$ （4） $f(t)=e^t\sin 2t$

【5】 つぎの s 関数 $F(s)$ を逆ラプラス変換し，$f(t)$ を求めよ。
（1） $F(s)=\dfrac{s+3}{s^2+4s+5}$ （2） $F(s)=\dfrac{1}{s}+\dfrac{2}{s^2}$
（3） $F(s)=\dfrac{\sqrt{2}}{s^2+s+2.25}$ （4） $F(s)=\dfrac{2}{s^3(s+1)}$

【6】 つぎの微分方程式の解をラプラス変換を用いて解け。
$$\frac{d^2x(t)}{dt^2}+0.2\frac{dx(t)}{dt}+x(t)=\delta(t) \quad \left(x(0)=1,\ \frac{dx(0)}{dt}=0\right)$$

3

伝 達 関 数

　*1*章で述べた水位制御を行う場合の信号の流れを容易に理解する方法が1930年代に考え出された。それが伝達関数の考え方であり，制御理論は大きく発展した。

　ここで，水位制御のブロック線図を図 *3.1* に示す。このブロックで囲まれている要素の特性を表現するのに時間関数で表した場合を示している。信号の入出力の関係が非常に複雑になり，全体としてそれらの関係を求めるのは困難である。この関係においてラプラス変換した後の伝達関数を用いることで非常にうまく表現できることを見てみよう。

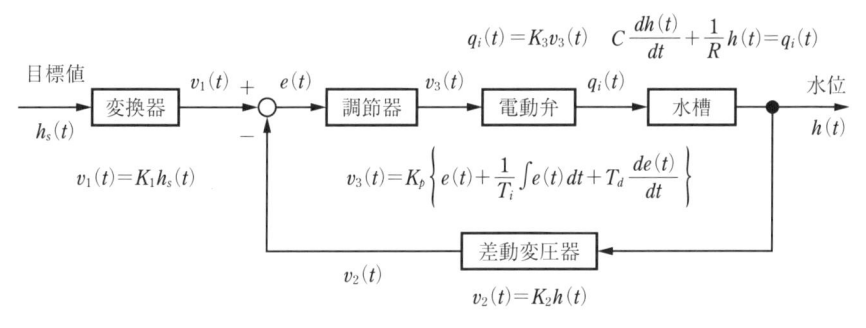

図 *3.1*　水位制御のブロック線図

信号の流れは次の通りである：目標値 $h_s(t)$ → 変換器 → $v_1(t)$ → + → $e(t)$ → 調節器 → $v_3(t)$ → 電動弁 → $q_i(t)$ → 水槽 → 水位 $h(t)$，差動変圧器を通ってフィードバック $v_2(t)$。

各要素の関係式：
$$v_1(t) = K_1 h_s(t)$$
$$v_3(t) = K_p \left\{ e(t) + \frac{1}{T_i} \int e(t)\,dt + T_d \frac{de(t)}{dt} \right\}$$
$$q_i(t) = K_3 v_3(t)$$
$$C \frac{dh(t)}{dt} + \frac{1}{R} h(t) = q_i(t)$$
$$v_2(t) = K_2 h(t)$$

3.1　伝達関数の定義

　まず，水槽の部分で考える。図 *3.1* の水位制御における，水槽の伝達関数を求めてみよう。図 *1.11* における水槽の水位と流入量の関係は，式（*1.11*）で求めたものである。

$$C\frac{dh(t)}{dt}+\frac{1}{R}h(t)=q_i(t) \tag{3.1}$$

式 (3.1) をラプラス変換する。ここで，$\mathscr{L}[h(t)]=H(s)$，$\mathscr{L}[q_i(t)]=Q_i(s)$ とする。

$$\mathscr{L}\left[C\frac{dh(t)}{dt}+\frac{1}{R}h(t)\right]=\mathscr{L}[q_i(t)] \tag{3.2}$$

$$CsH(s)+\frac{1}{R}H(s)=Q_i(s) \tag{3.3}$$

ただし，制御系の解析の場合，平衡状態からの変化であることから，初期値 $h(0)=0$ とする。式 (3.3) から，入力と出力の関係を求めると水位は

$$H(s)=\frac{R}{1+CRs}Q_i(s) \tag{3.4}$$

となる。そこで，流入量（入力）と水位（出力）の比を

$$\frac{H(s)}{Q_i(s)}=\frac{R}{1+CRs}=G(s) \tag{3.5}$$

と置き，$G(s)$ を**伝達関数**（transfer function）と呼ぶ。

一般的には，入力 $x(t)$，出力 $y(t)$ とすると，伝達関数は

$$G(s)=\frac{\mathscr{L}[y(t)]}{\mathscr{L}[x(t)]}=\frac{Y(s)}{X(s)} \tag{3.6}$$

で表され，演算子 s の関数であり，出力 $Y(s)$ はつねに伝達関数 $G(s)$ に入力 $X(s)$ を掛ければ求められることになる。すなわち次式となる。

$$Y(s)=G(s)X(s) \tag{3.7}$$

3.2 制御系の基本的な6要素の伝達関数

図 3.1 で表されるブロック線図の各要素の伝達関数を求めてみよう。

3.2.1 比例要素の伝達関数

まず，目標値を設定する変換器を考えよう。目標値設定はダイヤル式やディジタル数値方式などがあるが，ここでは，ダイヤルによって目盛を設定する方

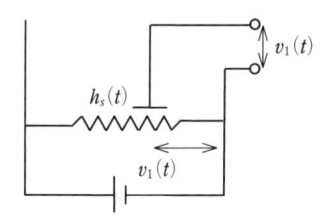

図 3.2 ポテンショメータ

法を採用する。ダイヤル目盛で設定する方式は図 3.2 に示すポテンショメータを用いるものが多い。

目標水位 $h_s(t)$ に対して移動接点位置を変えることで，出力 $v_1(t)$ の値は変化し

$$v_1(t) = K_1 h_s(t) \tag{3.8}$$

で表される。つまり，入力と出力の関係が比例関係で表される要素を**比例要素**（proportional element）と呼ぶ。この要素の伝達関数 $G_1(s)$ は

$$\mathscr{L}[v_1(t)] = K_1 \mathscr{L}[h_s(t)] \tag{3.9}$$

$$V_1(s) = K_1 H_s(s) \tag{3.10}$$

より

$$G_1(s) = \frac{V_1(s)}{H_s(s)} = K_1 \tag{3.11}$$

と求められる。

つぎに，水位を検出する差動変圧器を考えよう。水位検出器の構造を図 3.3 に示す。ここで，差動変圧器の受圧面（ダイヤフラム）は，水位 $h(t)$ に比例して変位し，さらに，この変位により鉄心の位置が変化する。

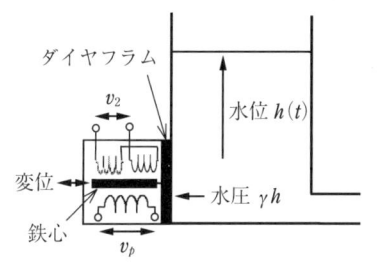

図 3.3 水位検出器

鉄心をはさんでいる一次コイル側の交流電圧 v_p による励磁が，二次コイル側に v_{s1}, v_{s2} の電圧を誘起し，$v_{s1}-v_{s2}=v_2$ の二次側出力電圧が得られる。つまり，出力電圧 $v_2(t)$ は $v_2(t)=K_2h(t)$ となり，水位 $h(t)$ に比例することになる。ゆえに，伝達関数 $G_2(s)$ は

$$G_2(s)=\frac{V_2(s)}{H(s)}=K_2 \tag{3.12}$$

となる。

図3.1 の電動式弁の場合も，入力電圧 $v_3(t)$ と出力である流入量 $q_i(t)$ には比例関係があることから，$q_i(t)=K_3v_3(t)$ が成立し，伝達関数 $G_3(s)$ は

$$G_3(s)=\frac{Q_i(s)}{V_3(s)}=K_3 \tag{3.13}$$

となる。

3.2.2 一次遅れ要素の伝達関数

一次遅れ要素（1st-order lag element）は一階の微分方程式で表されるもので，一番多くある物理現象である。**図3.1** で求めた水槽も一次遅れ要素である。

$$G_p(s)=\frac{H(s)}{Q_i(s)}=\frac{R}{1+CRs} \tag{3.14}$$

ここで，$CR=T$ と置くと

$$G_p(s)=\frac{R}{1+Ts} \tag{3.15}$$

で表される。T は**時定数**（time constant）と呼ばれる。すなわち，一次遅れ要素の伝達関数は分母の s の次数が一次のものである。

また，**図3.4** に示す RC 直列回路も一次遅れ要素となる。入力電圧を $e_i(t)$,

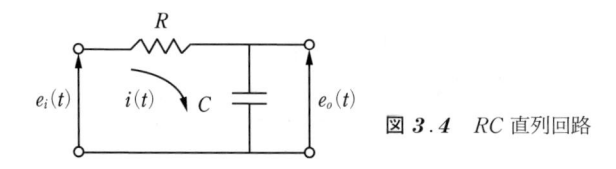

図3.4 RC 直列回路

出力電圧を $e_o(t)$，回路電流を $i(t)$ とすると，次式がそれぞれ成立する．

$$e_i(t) - e_o(t) = Ri(t) \tag{3.16}$$

$$e_o(t) = \frac{1}{C}\int i(t)\,dt \tag{3.17}$$

ここで，初期値を 0 としてそれぞれラプラス変換すると

$$E_i(s) - E_o(s) = RI(s) \tag{3.18}$$

$$E_o(s) = \frac{1}{Cs}I(s) \tag{3.19}$$

となる．これらの式から，$I(s)$ を消去し，入出力比を求めると

$$G(s) = \frac{E_o(s)}{E_i(s)} = \frac{1}{1+CRs} = \frac{1}{1+Ts} \tag{3.20}$$

となり，一次遅れ要素の伝達関数となることがわかる．

3.2.3 積分要素の伝達関数

調節器の動作に含まれる動作で，図 **3.4** において $CR = T$ の値を大きくとると

$$G(s) = \frac{E_o(s)}{E_i(s)} = \frac{1}{1+Ts} \fallingdotseq \frac{1}{Ts} \tag{3.21}$$

となり，これが**積分要素**（integration element）である．

ここで，$E_o(s) = E_i(s)/Ts$ を時間関数に戻すと

$$e_o(t) = \frac{1}{T}\int e_i(t)\,dt$$

となり，入力 $e_i(t)$ を積分した出力 $e_o(t)$ が得られる．

3.2.4 微分要素の伝達関数

図 **3.5** に示す CR 直列回路おいて，入力電圧を $e_i(t)$，出力電圧を $e_o(t)$，回路電流を $i(t)$ とすると，次式がそれぞれ成立する．

$$e_i(t) - \frac{1}{C}\int i(t)\,dt = e_o(t) \tag{3.22}$$

$$e_o(t) = Ri(t) \tag{3.23}$$

30   3. 伝達関数

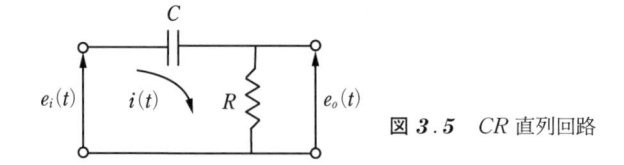

図 3.5 CR 直列回路

ここで，初期値を 0 としてそれぞれラプラス変換すると

$$E_i(s) - \frac{1}{Cs}I(s) = E_o(s) \qquad (3.24)$$

$$E_o(s) = RI(s) \qquad (3.25)$$

これらの式から，$I(s)$ を消去し，入出力比を求めると

$$G(s) = \frac{E_o(s)}{E_i(s)} = \frac{CRs}{1+CRs} = \frac{Ts}{1+Ts} \qquad (3.26)$$

となる。ここで，T が微小であると $G(s) \fallingdotseq Ts$ となる。すなわち

$$G(s) = \frac{E_o(s)}{E_i(s)} \fallingdotseq Ts \qquad (3.27)$$

となり，これが**微分要素**（differential element）である。

ここで，$E_o(s) = TsE_i(s)$ を時間関数に戻すと

$$e_o(t) = T\frac{de_i(t)}{dt}$$

となり，入力 $e_i(t)$ を微分した出力 $e_o(t)$ が得られる。

3.2.5　むだ時間要素の伝達関数

図 **1.9** の水位制御において，電動弁が動作した結果が水位に現れるには，流路の長さ等が影響する。すなわち，図 **3.6** において弁から水面までの流路の長さを l，平均流速を v とすると，弁の開度変化による流量変化 Δq_i が水面に届くまでの時間遅れは

$$\frac{\text{弁から水面までの流路の長さ}\quad l\,\text{〔m〕}}{\text{平均流速}\quad v\,\text{〔m/s〕}} = \frac{l}{v} = L\,\text{〔s〕}$$

となる。すなわち，入力 $f(t)$ に対して，出力は $f(t-L)$ となることから，伝達関数 $G(s)$ は

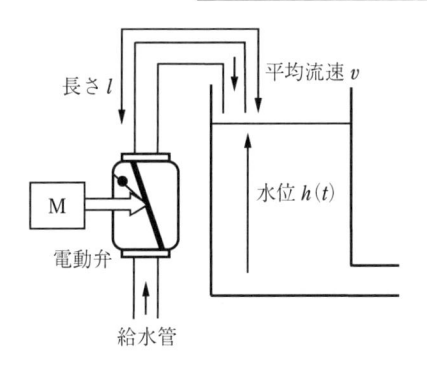

3.2 制御系の基本的な6要素の伝達関数 31

図 3.6 むだ時間要素

$$G(s) = \frac{\mathscr{L}[f(t-L)]}{\mathscr{L}[f(t)]} = \frac{e^{-sL}F(s)}{F(s)} = e^{-sL} \qquad (3.28)$$

となり，これを**むだ時間要素**（dead time element）と呼ぶ。

3.2.6 二次遅れ要素の伝達関数

図 3.7のように，水槽が二つ連結されている場合の入力 $q_i(t)$ と出力 $h_2(t)$ の関係はどうなるのか調べてみよう。図において，次式が成立する。

$$C_1 \frac{dh_1(t)}{dt} = q_i(t) - q_1(t) \qquad (3.29)$$

$$C_2 \frac{dh_2(t)}{dt} = q_1(t) - q_2(t) \qquad (3.30)$$

$$q_1(t) = \frac{1}{R_1}(h_1 - h_2) \qquad (3.31)$$

$$q_2(t) = \frac{1}{R_2}h_2 \qquad (3.32)$$

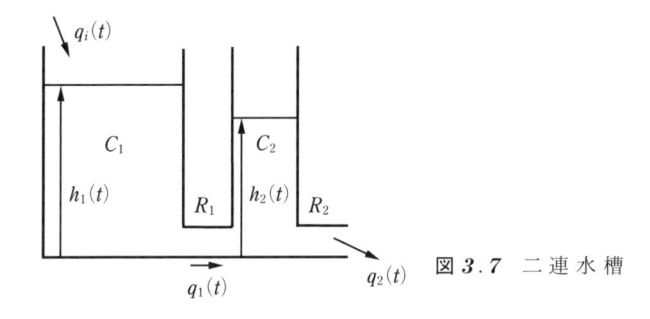

図 3.7 二連水槽

ここで，初期値を0としてそれぞれラプラス変換すると，式 (3.33)〜(3.36) となる．

$$C_1 s H_1(s) = Q_i(s) - Q_1(s) \qquad (3.33)$$

$$C_2 s H_2(s) = Q_1(s) - Q_2(s) \qquad (3.34)$$

$$Q_1(s) = \frac{1}{R_1}\{H_1(s) - H_2(s)\} \qquad (3.35)$$

$$Q_2(s) = \frac{1}{R_2} H_2(s) \qquad (3.36)$$

これらの式から，入力 $Q_i(s)$ と出力 $H_2(s)$ の比は

$$\frac{H_2(s)}{Q_i(s)} = \frac{\dfrac{1}{C_1 C_2 R_1}}{s^2 + \left(\dfrac{1}{C_1 R_1} + \dfrac{1}{C_2 R_2} + \dfrac{1}{C_2 R_1}\right)s + \dfrac{1}{C_1 C_2 R_1 R_2}} = \frac{c}{s^2 + as + b} \qquad (3.37)$$

$$a = \frac{1}{C_1 R_1} + \frac{1}{C_2 R_2} + \frac{1}{C_2 R_1}, \quad b = \frac{1}{C_1 C_2 R_1 R_2}, \quad c = \frac{1}{C_1 C_2 R_1}$$

となる．

この系の場合，伝達関数 $G(s)$ の分母が s の二次式となり，これは**二次遅れ要素**（2nd-order lag element）と呼ばれる．この式 (3.37) は

$$(s^2 + as + b) H_2(s) = c Q_i(s) \qquad (3.38)$$

に変形され，この式の時間 t に関する方程式は

コーヒーブレイク

頭部伝達関数

　人間は音が鳴ると，その音の高さ，音色に加えて，聞こえる方向や距離を認識することができる．これは音が鳴った空間から頭部と耳たぶを経由し，鼓膜へと伝えられ，音として認識するからである．この音から鼓膜への伝達は，音の方向や周波数に応じて音圧レベルが異なることから，頭部伝達関数と呼ぶ．

　この伝達関数は，頭部や耳の形状，音の発生した方向（角度）によって異なる値をとるが，人間が音を認識できるのは，自身の頭部伝達関数を把握しているためである．ステレオやサラウンドシステムなどは，この伝達関数を利用したものである．

$$\frac{d^2 h_2(t)}{dt^2} + a\frac{dh_2(t)}{dt} + bh_2(t) = cq_i(t) \qquad (3.39)$$

となる．すなわち，二階の線形微分方程式で表されるのが二次遅れ要素である．

つぎに，図 3.8 に示される機械振動系の変位も二次遅れ要素であることを見てみよう．図において外力 $x(t)$ を入力とし，変位 $y(t)$ を出力とすると，つぎの方程式が成立する．

$$M\frac{d^2 y(t)}{dt^2} + C\frac{dy(t)}{dt} + ky(t) = x(t) \qquad (3.40)$$

これを，ラプラス変換し，入出力の比をとると

$$G(s) = \frac{Y(s)}{X(s)} = \frac{1}{Ms^2 + Cs + k} \qquad (3.41)$$

となる．これは分母が s の二次式であり，機械振動系の変位が二次遅れ要素であることがわかる．

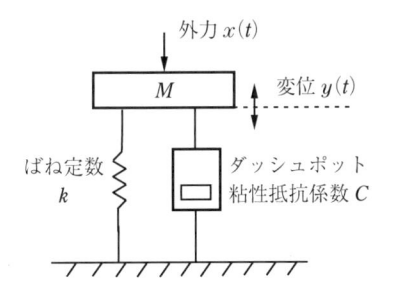

図 3.8　機械振動系

以上 6 要素を制御の基本要素と呼んでいる．これ以外の特性の要素やさらに高次の要素で表されるものもある．しかしながら，伝達関数 $G(s)$ は入力 $x(t)$ と出力 $y(t)$ との時間 t の方程式をラプラス変換すれば，容易に求めることができる．

3.3　制御器の伝達関数

図 3.1 に示した水位制御系のブロック線図における調節器と呼ばれる制御

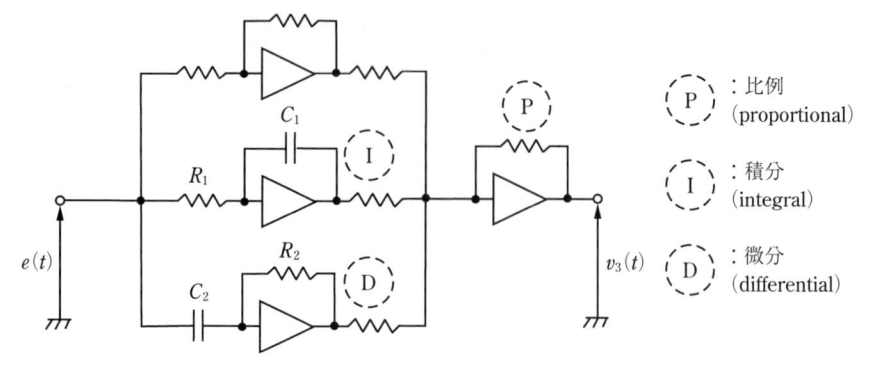

図 3.9 PID 調節器の回路例

器は，比例要素，積分要素と微分要素の加え合わせであり，回路例としては，図 3.9 となる。

この PID 調節器の入出力関係は次式で表される。

$$v_3(t) = K_P \left\{ e(t) + \frac{1}{T_I} \int e(t)\,dt + T_D \frac{de(t)}{dt} \right\} \qquad (3.42)$$

式 (3.42) から，PID 調節器の伝達関数はラプラス変換することで求められる。

$$V_3(s) = K_P \left\{ E(s) + \frac{1}{T_I s} E(s) + T_D s E(s) \right\} \qquad (3.43)$$

よって，伝達関数 $G_c(s)$ は

$$G_c(s) = \frac{V_3(s)}{E(s)} = K_P \left\{ 1 + \frac{1}{T_I s} + T_D s \right\} \qquad (3.44)$$

となる。

さらに，図 3.1 の水位制御のブロック線図は，これらの伝達関数を用いて

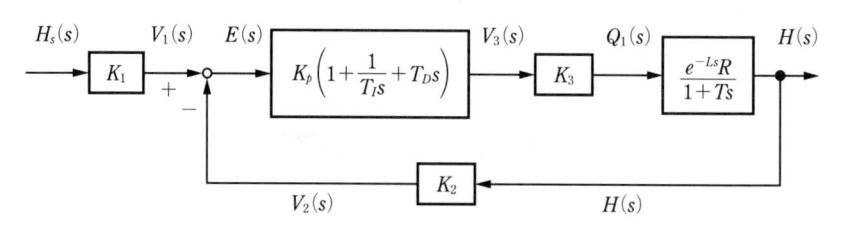

図 3.10 水位制御のブロック線図

表すと，図 3.10 となり，非常に簡潔に表すことができる．このように各ブロックの入出力関係や，入出力を関連付ける関数（すなわち伝達関数）はブロック線図を書くうえで有効である．

一般に，入力 $x(t)$，出力 $y(t)$ とすると，それぞれのラプラス変換 $X(s)$，$Y(s)$ はブロック線図では図 3.11 のように表すことができる．ブロックに矢印で入るのが入力，ブロックから矢印が出るのが出力であることから，出力は，つねに $Y(s)=G(s)X(s)$ により得ることができる．

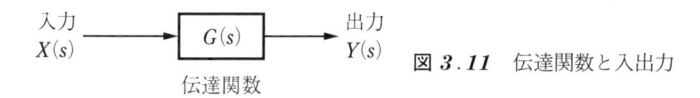

図 3.11 伝達関数と入出力

演 習 問 題

【1】 図 3.12 の機械振動系において，外力 $f(t)$ に対する質量 M の変位 $x(t)$ の運動方程式を立て，この系の伝達関数を求めよ．

【2】 図 3.13 の機械振動系において，外部からの変位入力 $x(t)=A\sin\omega t$ で変化したとき，質量 M の変位 $y(t)$ との関係の運動方程式を立て，この系の伝達関数を求め，出力 $Y(s)$ を求めよ．

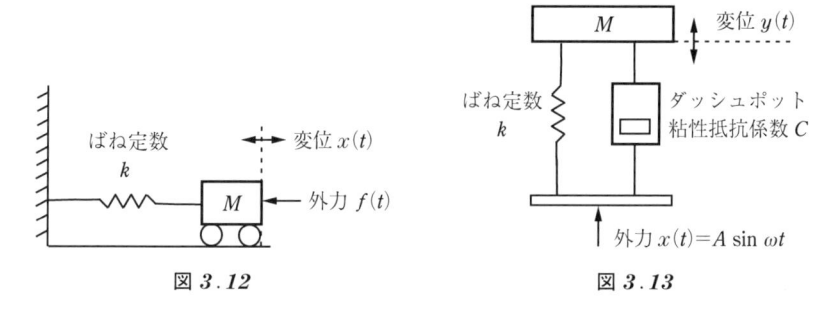

図 3.12

図 3.13

【3】 図 3.14 の電気回路において，入力電圧 $e_i(t)$ に対する出力電圧 $e_o(t)$ の伝達関数を求めよ．

【4】 図 3.15 のサイフォンから一定の流出量のあるタンクの流入量 $q_i(t)$ に対する水位 $h(t)$ の伝達関数を求めよ．また，この系は何要素と呼ばれるか．

3. 伝達関数

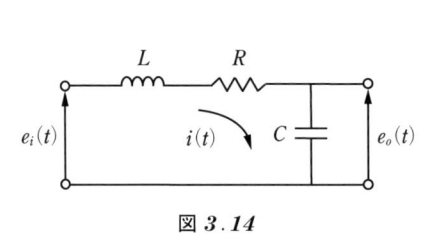

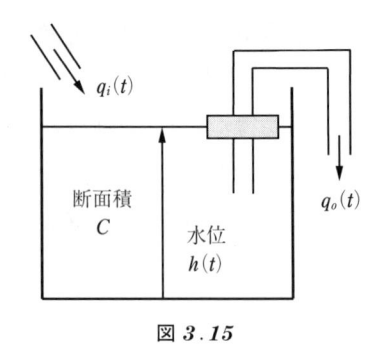

図 3.14

図 3.15

4

ブロック線図

　要素の特性を伝達関数で表すことにより，入出力の関係が明確になった。これを制御系全体の信号，情報の伝達状況を表すには，**ブロック線図**（block diagram）が用いられる。

　伝達関数で表される要素や機器をブロックで囲み，このブロックに入る矢印（入力）とブロックから出る矢印（出力）の一方向の一対の信号に対応する。これらをつなぎ合わせることで，全体の制御系のブロック線図が得られる。ブロック線図にすることにより，信号の流れやフィードバックの掛かり方など制御系の構造が明らかになり，解析や改良などに有用となる。また，制御系全体の伝達関数を求めることも容易になることから広く用いられている。

4.1 ブロック線図の描き方

　ここでは，二連の水槽である**図 4.1** の例を用いて，ブロック線図の描き方を説明する。

　水位変化の方程式は $3.2.6$ 項で示したとおり式 (4.1)〜(4.4) となる。

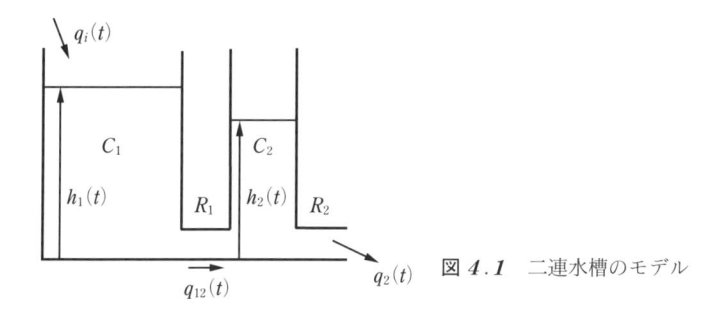

図 4.1　二連水槽のモデル

4. ブロック線図

$$C_1\frac{dh_1(t)}{dt} = q_i(t) - q_{12}(t) \qquad (4.1)$$

$$q_{12}(t) = \frac{1}{R_1}\{h_1(t) - h_2(t)\} \qquad (4.2)$$

$$C_2\frac{dh_2(t)}{dt} = q_{12}(t) - q_2(t) \qquad (4.3)$$

$$q_2(t) = \frac{1}{R_2}h_2(t) \qquad (4.4)$$

まず,式 (*4.1*) をラプラス変換すると,次式となる。

$$C_1 s H_1(s) = Q_i(s) - Q_{12}(s) \qquad (4.5)$$

$$H_1(s) = \frac{1}{C_1 s}\{Q_i(s) - Q_{12}(s)\} \qquad (4.6)$$

また,ブロック線図としては,図 *4.2* で表される。

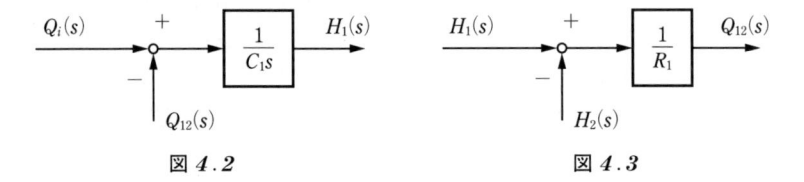

図 *4.2*   図 *4.3*

同様に,式 (*4.2*) は式 (*4.7*) となり,図 *4.3* で表される。

$$Q_{12}(t) = \frac{1}{R_1}\{H_1(s) - H_2(s)\} \qquad (4.7)$$

式 (*4.3*) は式 (*4.8*) となり,図 *4.4* で表される。

$$H_2(s) = \frac{1}{C_2 s}\{Q_{12}(s) - Q_2(s)\} \qquad (4.8)$$

式 (*4.4*) は式 (*4.9*) となり,図 *4.5* で表される。

$$Q_2(s) = \frac{1}{R_2}H_2(s) \qquad (4.9)$$

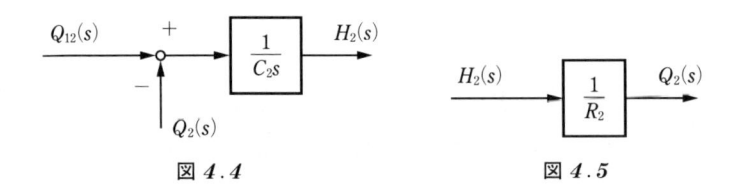

図 *4.4*   図 *4.5*

各ブロックをつなぎ合わせることで全体のブロック線図を描くことができる。制御では，入力と出力が何であるかを明確にすることが大切である。そこで，入力を左端，出力を右端に配置すると信号の流れが理解しやすくなる。今回は，入力として流入量 $Q_i(s)$，出力として水位 $H_2(s)$ として，ブロック線図を描くことにしよう。各入出力関係を単純につなぎ合わせると**図 4.6** となる。

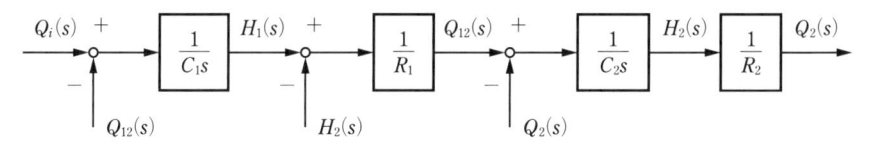

図 4.6 単純につなぎ合わせたブロック線図

ここで，入力 $Q_i(s)$ が左端，出力 $H_2(s)$ を右端，そして加え合わせ点への信号のつながっていない矢印について，その信号より引き出し点を設けてつなぐと二連水槽のブロック線図は**図 4.7** で表現できる。

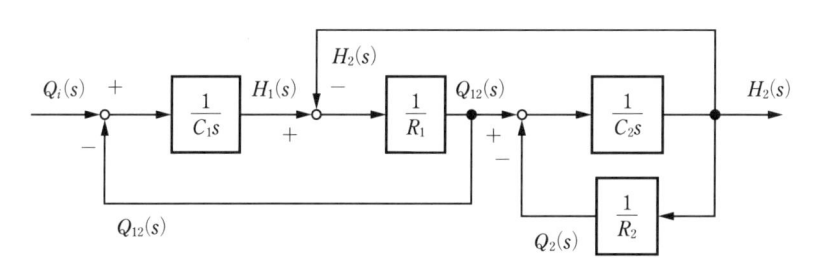

図 4.7 二連水槽のブロック線図

コーヒーブレイク

閉ループと開ループ

　情報化社会がますます加速しているが，情報，あるいは信号の流れにおいて，その流れが閉じているか，開いているかは，重要なことである。例えば，私がA君にある仕事を依頼する。A君は真面目であるので仕事を片付ける。しかし，そのままだと，依頼人である私にはわからない。A君が仕事を済ませたことを私に報告することで，信号の流れは閉じ，閉ループとなり，一件落着となる。インターネットが普及しているが，これは，一方的に信号が流れており，開ループであることを意識する必要がある。

図のブロック線図により，流入量 $Q_i(s)$ が変化した場合，水位 $H_2(s)$ の変化には三重のフィードバックが掛かり，その結果により $H_2(s)$ が決まることがわかる。

4.2　ブロック線図の等価変換

二連水槽の水位変化は**図 4.7** のブロック線図で表されるが，入力 $Q_i(s)$ と出力 $H_2(s)$ の関係はどうなるか，あるいは入力 $Q_i(s)$ に対して，$H_1(s)$ はどのように変化するかなどを知るためには，ブロック線図を変形，整理する必要も出てくる。

この変形，整理することをブロック線図の**等価変換**という。基本的にはブロックが直列結合，並列結合，そしてフィードバック結合されており，全体の出力が入力に対して値が同じであれば変形は自由であり，それぞれは以下のように整理できる。

1）　直列結合（図 4.8）

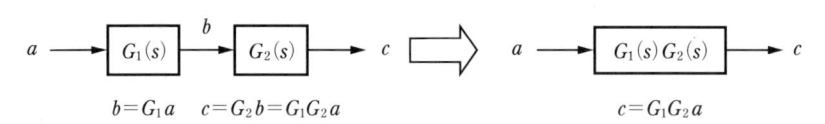

$a \longrightarrow \boxed{G_1(s)} \xrightarrow{b} \boxed{G_2(s)} \longrightarrow c \quad \Longrightarrow \quad a \longrightarrow \boxed{G_1(s)G_2(s)} \longrightarrow c$

$b = G_1 a \quad c = G_2 b = G_1 G_2 a \qquad\qquad c = G_1 G_2 a$

図 4.8　直列結合

2）　並列結合（図 4.9）

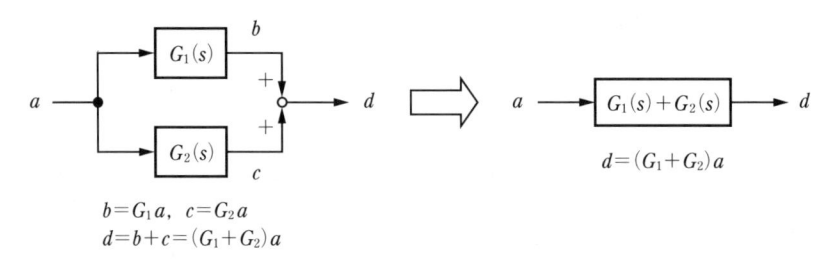

$b = G_1 a,\ c = G_2 a$
$d = b + c = (G_1 + G_2) a$

$d = (G_1 + G_2) a$

図 4.9　並列結合

3） フィードバック結合（図 4.10）

$b = a - d, \quad c = G_1 b, \quad d = G_2 c$
$c = G_1(a - G_2 c)$

$$c = \frac{G_1}{1 + G_1 G_2} a$$

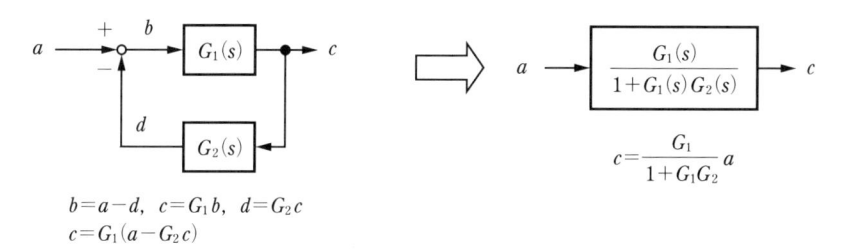

図 4.10 フィードバック結合

フィードバック回路には，**図 4.11** に示す重要な法則があり，覚えておくと便利である。

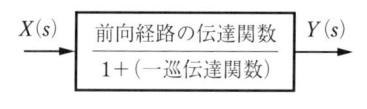

図 4.11 フィードバック回路

（前向経路の伝達関数）／（1 + (一巡伝達関数)）

ここで，一巡伝達関数とは，閉じたループ内にある伝達関数の積であり，**図 4.12**（a）の場合，$G_1 G_2 (G_3 + G_4)$ である。また，前向き経路にある伝達関数の積とは，入力 $X(s)$ から出力 $Y(s)$ へ至る経路にある伝達関数の積であり，図（a）の場合，$G_1 G_2$ である。ゆえに，図（b）で求められる。

$$\frac{G_1 G_2}{1 + G_1 G_2 (G_3 + G_4)}$$

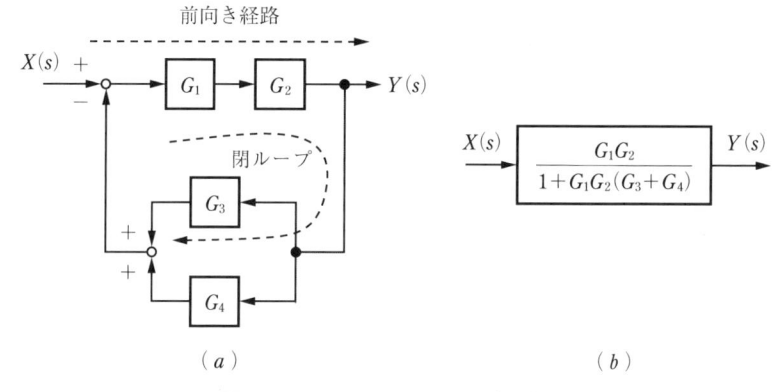

（a） （b）

図 4.12 フィードバック回路の出力

42   4. ブロック線図

表 4.1 ブロック線図の等価変換

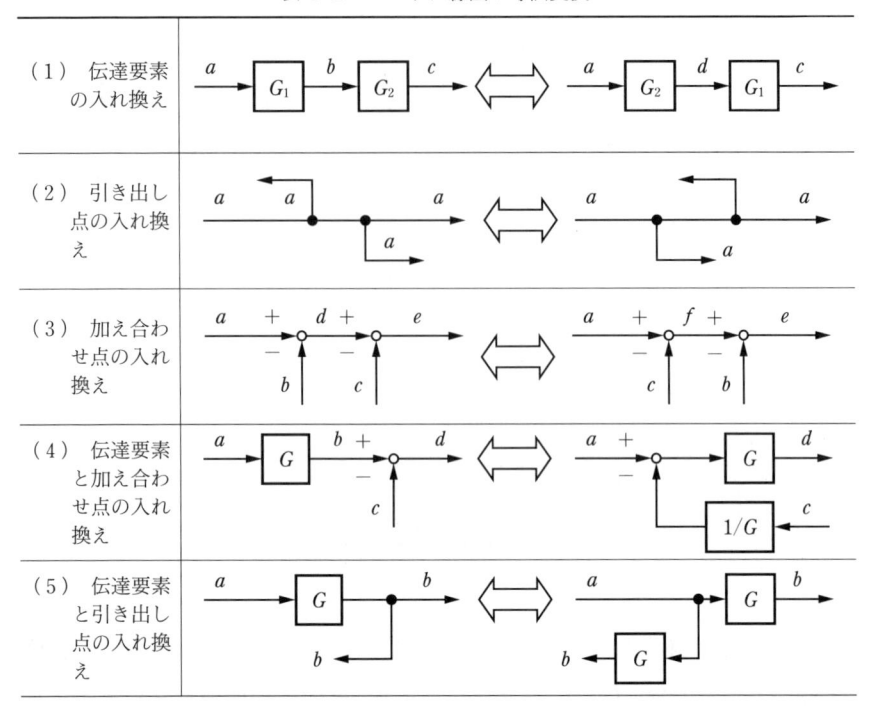

(1) 伝達要素の入れ換え	$a \to [G_1] \to b \to [G_2] \to c$	⇔	$a \to [G_2] \to d \to [G_1] \to c$
(2) 引き出し点の入れ換え	(図)	⇔	(図)
(3) 加え合わせ点の入れ換え	(図)	⇔	(図)
(4) 伝達要素と加え合わせ点の入れ換え	(図)	⇔	(図)
(5) 伝達要素と引き出し点の入れ換え	(図)	⇔	(図)

また，加え合わせ点や引き出し点を，入力と出力の値が変わらなければ，ブロックを越えて移動することも可能である。**表 4.1** に等価変換を示す。

例題 4.1 図 4.7 に示したブロック線図を等価変換し，入力 $Q_i(s)$ に対する出力 $H_2(s)$ の伝達関数を求めてみよう。

【解答】 伝達関数 $G(s)$ は次式のようになる。

$$G(s) = \frac{R_2}{(C_1 R_1 s + 1)(C_2 R_2 s + 1) + C_1 R_2 s}$$

$$= \frac{\dfrac{1}{C_1 C_2 R_1}}{s^2 + \left(\dfrac{1}{C_1 R_1} + \dfrac{1}{C_2 R_2} + \dfrac{1}{C_2 R_1}\right)s + \dfrac{1}{C_1 C_2 R_1 R_2}} \quad (4.10)$$

ここでは，結果のみを示すので，各自試みること。   ◇

演 習 問 題

【1】 図 4.13 の二連水槽において，流入量 q_i に対して第二水槽の水位 h_2 の関係をブロック線図で表せ。

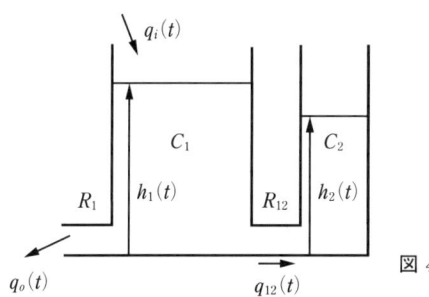

図 4.13 二連水槽

【2】 ブロック線図（図 4.14）で表される系の全体の伝達関数を等価変換により求めよ。

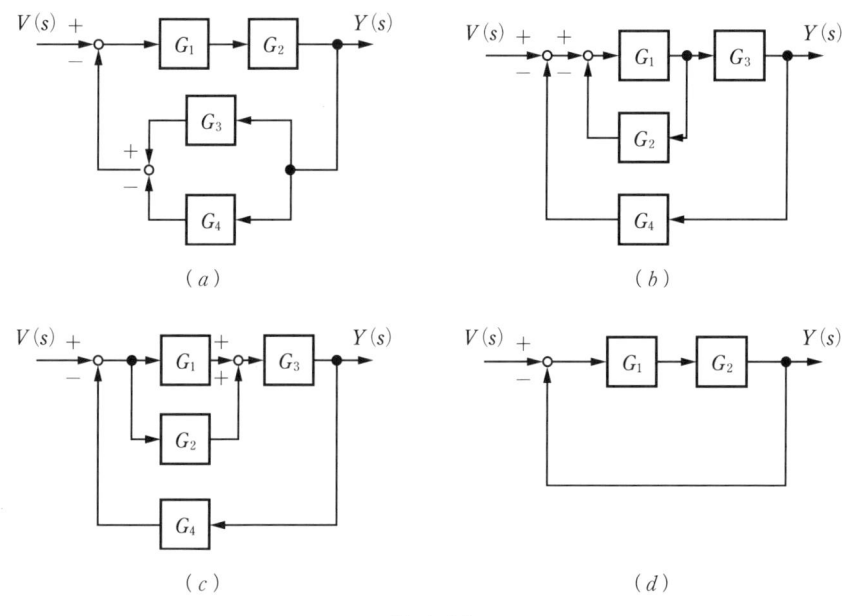

図 4.14

(e)

(f)

(g)

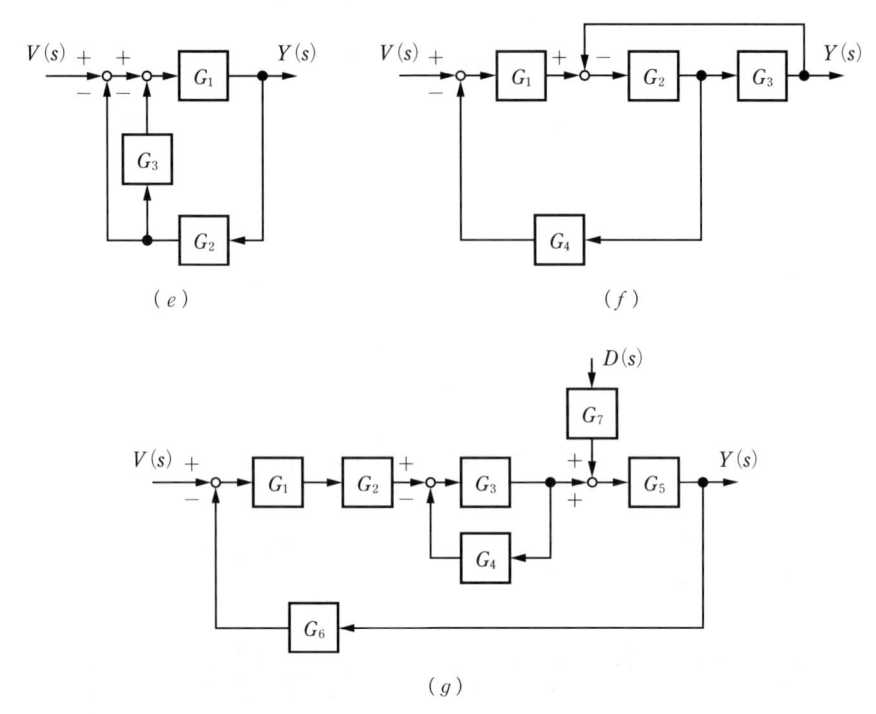

図 4.14 （つづき）

図 (g) では $D(s)=0 : \dfrac{Y(s)}{V(s)}=$　　　, $V(s)=0 : \dfrac{Y(s)}{D(s)}=$　　　をそれぞれ求めよ。

5

時 間 応 答

　3章で水位の自動制御のブロック線図を示したが，目標値（入力）が変わった場合，水位（出力，制御量）は，どのように変化して，新しい目標値になるのかを考えよう。**図3.10**のブロック線図で理解できるように，各要素をつぎつぎと経て，さらにフィードバックも経た結果が水位となることがわかる。このことから，それぞれの要素での時間的経過が重要であることが理解できるであろう。また，目標値の変化の仕方によっても出力の時間的経過は変わってくる。このことから，標準的な入力を決め，これに対する出力特性を求めることで比較，総合的判断が容易になる。さらに，理論的に数式化が困難な要素についても，標準入力を実験的に入れ，その出力を調べることで，その要素の特性がわかる利点があり，基準入力に対する出力の時間的経過特性を**応答**（response）という。

5.1 時間応答とは

　まず，時間応答における基準入力は3種類あり，これについて述べる。

　1）　ステップ入力　　一番多く用いられる入力で，**2**章で求めたステップ関数を用いる。これは，目標値などが新しい値にセットされた場合などに相当し，ステップ入力は，$x(t) = au(t)$ となる（**図5.1**）。

　このステップ入力 $x(t)$ のラプラス変換は，$X(s) = \dfrac{a}{s}$ となる。伝達関数 $G(s)$ に入力 $X(s)$ を掛ければ，$Y(s) = G(s)\dfrac{a}{s}$ となり，要素の出力 $Y(s)$ を得ることができる。

　出力の時間的経過は，$Y(s)$ を逆ラプラス変換することで，求められる。

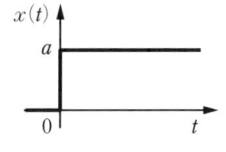

図5.1 ステップ入力

$$y(t)=\mathcal{L}^{-1}[Y(s)]=\mathcal{L}^{-1}\left[G(s)\frac{a}{s}\right]$$

求められた $y(t)$ をステップ入力に対する応答であることから，**ステップ応答**（step response）と呼び，特に，単位ステップ入力に対する応答を**インディシャル応答**（indicial response）と呼び，制御で各要素や全体の出力を知るうえで重要な応答である。

2） ランプ入力　これは目標の位置などが一定速度で変動していることに相当し，ランプ入力は，$x(t)=at$ となる（**図 5.2**）。

このステップ入力 $x(t)$ のラプラス変換は，$X(s)=\dfrac{a}{s^2}$ となる。伝達関数 $G(s)$ に入力 $X(s)$ を掛ければ

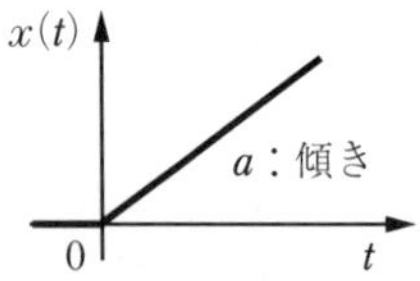

$$Y(s)=G(s)\frac{a}{s^2}$$

となり，要素の出力 $Y(s)$ を得ることができる。

出力の時間的経過は，$Y(s)$ を逆ラプラス変換することで

$$y(t)=\mathcal{L}^{-1}[Y(s)]=\mathcal{L}^{-1}\left[G(s)\frac{a}{s^2}\right]$$

で求められる。求められた $y(t)$ を**ランプ応答**（ramp response）と呼び，ロボット制御などで重要な応答である。

図 5.2 ランプ入力

3） インパルス入力　これは，一瞬の衝撃的な外乱などに相当し，例えば，落雷により電流値が一瞬変化することなどである。インパルス入力は，$x(t)=\delta(t)$ となる（**図 5.3**）。このインパルス入力 $x(t)$ のラプラス変換は $X(s)=1$ となる。伝達関数 $G(s)$ に入力 $X(s)$ を掛ければ，$Y(s)=G(s)$ となり，要素の出力 $Y(s)$ を得ることができる。

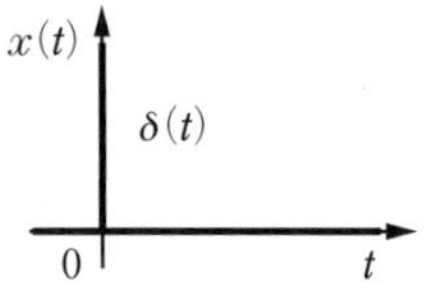

図 5.3 インパルス入力

ゆえに，出力の時間的経過は，$Y(s)$ を逆ラプラス変換することで

$$y(t)=\mathcal{L}^{-1}[Y(s)]=\mathcal{L}^{-1}[G(s)]$$

で求められ，$y(t)$ を**インパルス応答**（impulse response）と呼び，外乱特性

などに用いられる。

次節では，基本的要素の応答を求めることにしよう。

5.2 基本6要素の応答

5.2.1 比例要素の応答

比例要素の伝達関数 $G(s)$ は

$$G(s) = \frac{Y(s)}{X(s)} = K$$

である。この比例要素に，入力 $X(s)$ としてステップ入力などを用いた場合の応答を以下に示す。

1) ステップ応答 $Y(s) = K\dfrac{a}{s}$ より，次式となる（図5.4）。

$$y(t) = \mathscr{L}^{-1}\left[\frac{Ka}{s}\right] = Kau(t)$$

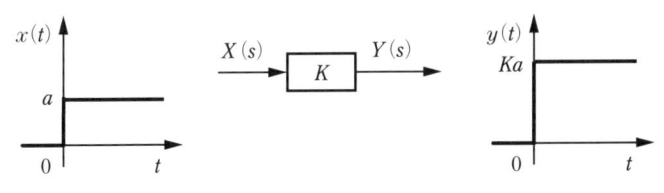

図5.4

2) ランプ応答 $Y(s) = K\dfrac{a}{s^2}$ より，次式となる（図5.5）。

$$y(t) = \mathscr{L}^{-1}\left[\frac{Ka}{s^2}\right] = Kat$$

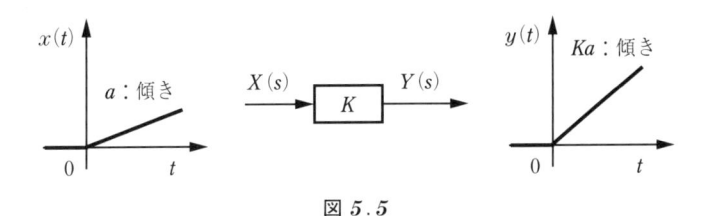

図5.5

3) **インパルス応答**　$Y(s)=K$ より，次式となる（図 5.6）。

$$y(t)=\mathscr{L}^{-1}[K]=K\delta(t)$$

図 5.6

5.2.2　積分要素の応答

積分要素の伝達関数 $G(s)$ は

$$G(s)=\frac{Y(s)}{X(s)}=\frac{K_1}{s}$$

である。この積分要素に，入力 $X(s)$ としてステップ入力などを用いた場合の応答を以下に示す。

1) **ステップ応答**　$Y(s)=\dfrac{K_1}{s}\cdot\dfrac{a}{s}$ より，次式となる（図 5.7）。

$$y(t)=\mathscr{L}^{-1}\left[\frac{K_1 a}{s^2}\right]=K_1 at$$

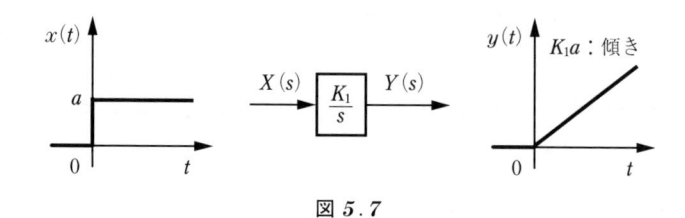

図 5.7

2) **ランプ応答**　$Y(s)=\dfrac{K_1}{s}\cdot\dfrac{a}{s^2}$ より，次式となる（図 5.8）。

$$y(t)=\mathscr{L}^{-1}\left[\frac{K_1 a}{s^3}\right]=\frac{1}{2}K_1 at^2$$

図 5.8

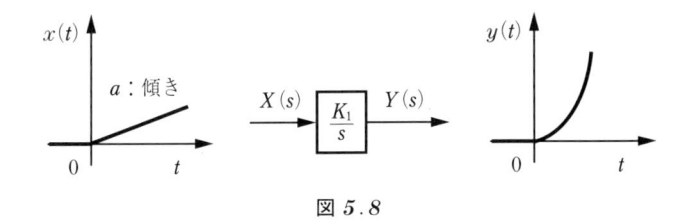

3) **インパルス応答**　$Y(s) = \dfrac{K_1}{s}$ より，次式となる（図 5.9）。

$$y(t) = \mathscr{L}^{-1}\left[\dfrac{K_1}{s}\right] = K_1 u(t)$$

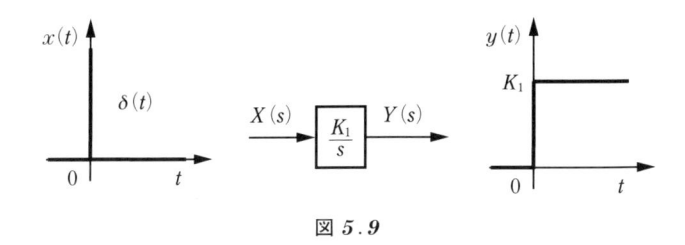

図 5.9

5.2.3　微分要素の応答

微分要素の伝達関数 $G(s)$ は

$$G(s) = \dfrac{Y(s)}{X(s)} = K_2 \cdot s$$

である。この微分要素に，入力 $X(s)$ としてステップ入力などを用いた場合の応答を以下に示す。

1) **ステップ応答**　$Y(s) = K_2 \cdot s \dfrac{a}{s}$ より，次式となる（図 5.10）。

$$y(t) = \mathscr{L}^{-1}[K_2 a] = K_2 a \delta(t)$$

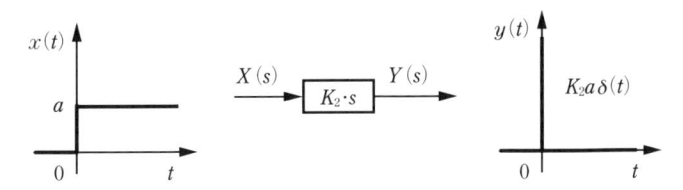

図 5.10

2) **ランプ応答**　　$Y(s) = K_2 \cdot s \dfrac{a}{s^2}$ より，次式となる（図 **5.11**）。

$$y(t) = \mathscr{L}^{-1}\left[\dfrac{K_2 a}{s}\right] = K_2 a u(t)$$

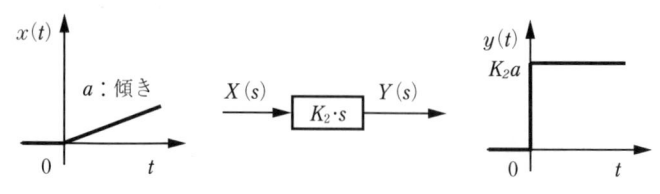

図 **5.11**

3) **インパルス応答**　　$Y(s) = K_2 \cdot s$ より，次式となる（図 **5.12**）。

$$y(t) = \mathscr{L}^{-1}[K_2 s] = K_2 \dfrac{d\delta(t)}{dt}$$

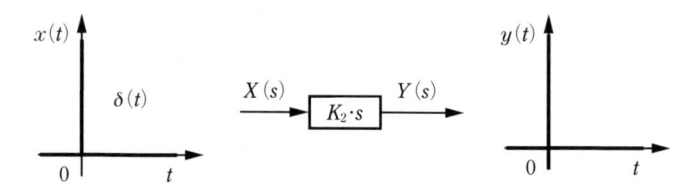

図 **5.12**

5.2.4　一次遅れ要素の応答

一次遅れ要素の伝達関数 $G(s)$ は

$$G(s) = \dfrac{Y(s)}{X(s)} = \dfrac{K}{1+Ts}$$

である。この一次遅れ要素に，入力 $X(s)$ としてステップ入力などを用いた場合の応答を以下に示す。

1) **ステップ応答**　　$Y(s) = \dfrac{K}{1+Ts} \cdot \dfrac{a}{s}$ より

$$y(t) = \mathscr{L}^{-1}\left[\dfrac{Ka}{s(1+Ts)}\right]$$

となり，逆変換は **2** 章で述べた部分分数に分けて求める。

$$Y(s) = \frac{aK}{s(1+Ts)} = \frac{\frac{aK}{T}}{s\left(s+\frac{1}{T}\right)} = \frac{K_1}{s} + \frac{K_2}{s+\frac{1}{T}}$$

ここで，それぞれの係数を求めると

$$K_1 = [sY(s)]_{s=0} = \left[\frac{\frac{aK}{T}}{s+\frac{1}{T}}\right]_{s=0} = aK$$

$$K_2 = \left[\left(s+\frac{1}{T}\right)Y(s)\right]_{s=-\frac{1}{T}} = \left[\frac{\frac{aK}{T}}{s}\right]_{s=-\frac{1}{T}} = -aK$$

となる。よって

$$Y(s) = \frac{aK}{s} - \frac{aK}{s+\frac{1}{T}}$$

となる。ゆえに

$$y(t) = \mathscr{L}^{-1}\left[\frac{aK}{s}\right] - \mathscr{L}^{-1}\left[\frac{aK}{s+\frac{1}{T}}\right] = aK - aKe^{-\frac{1}{T}t} = aK\left(1-e^{-\frac{1}{T}t}\right)$$

となる。これを図 **5.13** に示す。

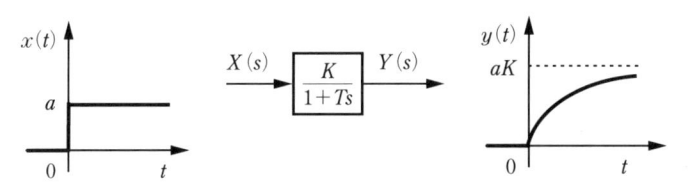

図 **5.13**

2) ランプ応答　　$Y(s) = \dfrac{K}{1+Ts} \cdot \dfrac{a}{s^2}$ より

$$y(t) = \mathscr{L}^{-1}\left[\frac{Ka}{s^2(1+Ts)}\right]$$

となり，これも同様に部分分数に分けて求める。

5. 時間応答

$$Y(s)=\frac{aK}{s^2(1+Ts)}=\frac{\dfrac{aK}{T}}{s^2\left(s+\dfrac{1}{T}\right)}=\frac{K_{01}}{s^2}+\frac{K_{02}}{s}+\frac{K_1}{s+\dfrac{1}{T}}$$

ここで，それぞれの係数を求めると

$$K_{01}=[s^2Y(s)]_{s=0}=\left[\frac{\dfrac{aK}{T}}{s+\dfrac{1}{T}}\right]_{s=0}=aK$$

$$K_{02}=\left[\frac{d}{ds}(s^2Y(s))\right]_{s=0}=\left[\frac{-\dfrac{aK}{T}}{\left(s+\dfrac{1}{T}\right)^2}\right]_{s=0}=-aKT$$

$$K_1=\left[\left(s+\frac{1}{T}\right)Y(s)\right]_{s=-\frac{1}{T}}=\left[\frac{\dfrac{aK}{T}}{s^2}\right]_{s=-\frac{1}{T}}=aKT$$

となる。よって

$$Y(s)=\frac{aK}{s^2}-\frac{aKT}{s}+\frac{aKT}{s+\dfrac{1}{T}}$$

となる。ゆえに

$$y(t)=\mathscr{L}^{-1}\left[\frac{aK}{s^2}\right]-\mathscr{L}^{-1}\left[\frac{aKT}{s}\right]+\mathscr{L}^{-1}\left[\frac{aKT}{s+\dfrac{1}{T}}\right]$$

$$=aKt-aKT+aKTe^{-\frac{1}{T}t}=aK\left\{t-T\left(1-e^{-\frac{1}{T}t}\right)\right\}$$

となる。これを図 **5.14** に示す。

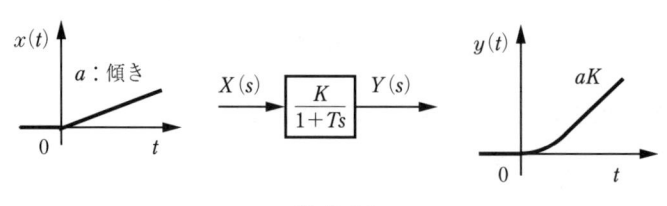

図 **5.14**

3) **インパルス応答**　$Y(s) = \dfrac{K}{1+Ts}$ より，次式となる（図 **5.15**）。

$$y(t) = \mathscr{L}^{-1}\left[\dfrac{K}{1+Ts}\right] = \mathscr{L}^{-1}\left[\dfrac{\dfrac{K}{T}}{s+\dfrac{1}{T}}\right] = \dfrac{K}{T}e^{-\frac{1}{T}t}$$

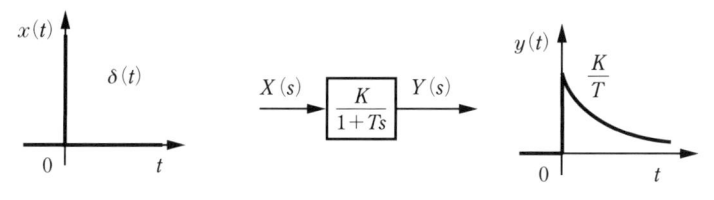

図 **5.15**

5.2.5　むだ時間要素の応答

むだ時間要素の伝達関数 $G(s)$ は

$$G(s) = \dfrac{Y(s)}{X(s)} = e^{-Ls}$$

である。このむだ時間要素に，入力 $X(s)$ としてステップ入力などを用いた場合の応答を以下に示す。

1) **ステップ応答**　$Y(s) = e^{-Ls}\dfrac{a}{s}$ より，次式となる（図 **5.16**）。

$$y(t) = \mathscr{L}^{-1}\left[\dfrac{a}{s}e^{-Ls}\right] = au(t-L)$$

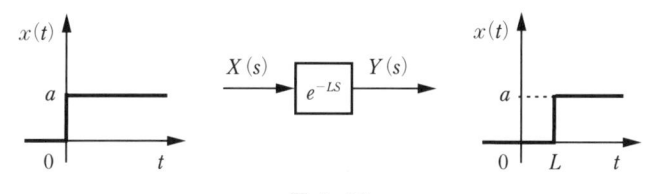

図 **5.16**

2) **ランプ応答**　$Y(s) = e^{-Ls}\dfrac{a}{s^2}$ より，次式となる（図 **5.17**）。

$$y(t) = \mathscr{L}^{-1}\left[\dfrac{a}{s^2}e^{-Ls}\right] = a(t-L)$$

54   5. 時間応答

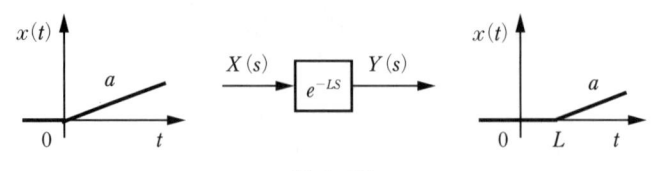

図 5.17

3) インパルス応答　$Y(s) = e^{-Ls}$ より，次式となる（図 5.18）。

$$y(t) = \mathscr{L}^{-1}[e^{-Ls}] = \delta(t-L)$$

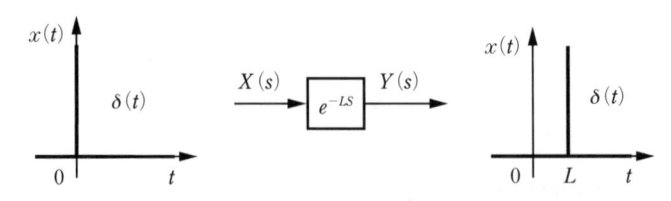

図 5.18

5.2.6 二次遅れ要素の応答

二次遅れ要素の伝達関数 $G(s)$ は

$$G(s) = \frac{Y(s)}{X(s)} = \frac{1}{Ms^2 + Cs + k}$$

である。この二次遅れ要素の伝達関数は，応答の現象がわかりやすいように一般的には次式で表すことが多い。

$$G(s) = \frac{Y(s)}{X(s)} = \frac{\frac{1}{M}}{s^2 + 2\zeta\omega_n s + \omega_n^2} = \frac{\frac{1}{M}}{s^2 + \frac{C}{M}s + \frac{k}{M}} \tag{5.1}$$

ここで，$\omega_n = \sqrt{\frac{k}{M}}$：固有角振動数であり，$2\zeta\omega_n = \frac{C}{M}$ より減衰係数 ζ は次式となる。

$$\zeta = \frac{C}{2\sqrt{kM}}$$

図 4.1 の二連水槽の場合は次式となる。

$$G(s) = \frac{Y(s)}{X(s)} = \frac{c}{s^2 + as + b} = \frac{c}{s^2 + 2\zeta\omega_n s + \omega_n^2} \tag{5.2}$$

ここで，各係数は

$$a = \frac{1}{C_1 R_1} + \frac{1}{C_2 R_2} + \frac{1}{C_2 R_1}, \quad b = \frac{1}{C_1 C_2 R_1 R_2}, \quad c = \frac{1}{C_1 C_2 R_1}$$

である。よって，$\omega_n = \sqrt{b}$，$2\zeta\omega_n = a$，$\zeta = a/2\sqrt{b}$ となる。具体的な水槽断面積 C_1, C_2 や流路抵抗 R_1, R_2 の値によって求められる。

つぎに，二次遅れ要素に，入力 $X(s)$ としてステップ入力を用いた場合の応答を以下に示す。

ステップ応答は，$Y(s) = \dfrac{\frac{1}{M}}{s^2 + 2\zeta\omega_n s + \omega_n^2} \cdot \dfrac{a}{s}$ より

$$y(t) = \mathscr{L}^{-1}\left[\frac{\frac{1}{M}}{s^2 + 2\zeta\omega_n s + \omega_n^2} \cdot \frac{a}{s}\right]$$

で求められる。ここで，$Y(s)$ を部分分数展開すると

$$Y(s) = \frac{\frac{1}{M}}{s^2 + 2\zeta\omega_n s + \omega_n^2} \cdot \frac{a}{s} = \frac{K_0}{s} + \frac{K_1}{s - s_1} + \frac{K_2}{s - s_2} \tag{5.3}$$

となり，s_1, s_2 は $s^2 + 2\zeta\omega_n s + \omega_n^2 = 0$ の根であり，$s_1, s_2 = -\zeta\omega_n \pm \omega_n \sqrt{\zeta^2 - 1}$ となる。ゆえに

$$y(t) = \mathscr{L}^{-1}[Y(s)] = K_0 + K_1 e^{s_1 t} + K_2 e^{s_2 t} \tag{5.4}$$

となる。

ここで，係数 K_0, K_1, K_2 を求めれば応答が決まるが，根 s_1, s_2 はパラメータ ζ の値により実数や共役複素数となることから ζ の変化により $y(t)$ は変わってくる。

1) $\zeta = 0$ の場合，$s_1, s_2 = \pm j\omega_n$

$$Y(s) = \frac{\frac{1}{M}}{s^2 + 2\zeta\omega_n s + \omega_n^2} \cdot \frac{a}{s} = \frac{K_0}{s} + \frac{K_1}{s - s_1} + \frac{K_2}{s - s_2}$$

の係数は，それぞれ

$$K_0 = \left[s \frac{\frac{a}{M}}{s(s - s_1)(s - s_2)}\right]_{s=0} = \frac{\frac{a}{M}}{s_1 s_2} = \frac{\frac{a}{M}}{j\omega_n(-j\omega_n)} = \frac{\frac{a}{M}}{\omega_n^2}$$

$$K_1 = \left[(s-s_1)\frac{\dfrac{a}{M}}{s(s-s_1)(s-s_2)}\right]_{s=s_1} = \frac{\dfrac{a}{M}}{j\omega_n(j\omega_n+j\omega_n)} = \frac{\dfrac{a}{M}}{-2\omega_n^2}$$

$$K_2 = \left[(s-s_2)\frac{\dfrac{a}{M}}{s(s-s_1)(s-s_2)}\right]_{s=s_2} = \frac{\dfrac{a}{M}}{-j\omega_n(-j\omega_n-j\omega_n)} = \frac{\dfrac{a}{M}}{-2\omega_n^2}$$

となる。ゆえに

$$Y(s) = \frac{a}{M\omega_n^2}\left(\frac{1}{s} - \frac{1}{2}\cdot\frac{1}{s-j\omega_n} - \frac{1}{2}\cdot\frac{1}{s+j\omega_n}\right)$$

となり

$$y(t) = \frac{a}{M\omega_n^2}\left\{1 - \frac{1}{2}(e^{j\omega_n t} - e^{-j\omega_n t})\right\}$$

$$= \frac{a}{M\omega_n^2}(1-\cos\omega_n t) = \frac{a}{k}(1-\cos\omega_n t) \tag{5.5}$$

となる。

2) $0 < \zeta < 1$ の場合,$s_1, s_2 = -\zeta\omega_n \pm j\omega_n\sqrt{1-\zeta^2}$

$$Y(s) = \frac{\dfrac{1}{M}}{s^2+2\zeta\omega_n s+\omega_n^2}\cdot\frac{a}{s} = \frac{K_0}{s} + \frac{K_1}{s-s_1} + \frac{K_2}{s-s_2}$$

の係数は,それぞれ

$$K_0 = \left[s\frac{\dfrac{a}{M}}{s(s-s_1)(s-s_2)}\right]_{s=0} = \frac{\dfrac{a}{M}}{s_1 s_2}$$

$$= \frac{\dfrac{a}{M}}{(-\zeta\omega_n+j\omega_n\sqrt{1-\zeta^2})(-\zeta\omega_n-j\omega_n\sqrt{1-\zeta^2})} = \frac{\dfrac{a}{M}}{\omega_n^2}$$

$$K_1 = \left[(s-s_1)\frac{\dfrac{a}{M}}{s(s-s_1)(s-s_2)}\right]_{s=s_1}$$

$$= \frac{\dfrac{a}{M}}{(-\zeta\omega_n+j\omega_n\sqrt{1-\zeta^2})(2j\omega_n\sqrt{1-\zeta^2})} = -\frac{\dfrac{a}{M}}{2\omega_n^2}\cdot\frac{\sqrt{1-\zeta^2}-j\zeta}{\sqrt{1-\zeta^2}}$$

$$K_2 = \left[(s-s_2) \frac{\dfrac{a}{M}}{s(s-s_1)(s-s_2)} \right]_{s=s_2}$$

$$= \frac{\dfrac{a}{M}}{(-\zeta\omega_n - j\omega_n\sqrt{1-\zeta^2})(-2j\omega_n\sqrt{1-\zeta^2})} = -\frac{\dfrac{a}{M}}{2\omega_n^2} \cdot \frac{\sqrt{1-\zeta^2}+j\zeta}{\sqrt{1-\zeta^2}}$$

となる。したがって

$$y(t) = \frac{a}{k}\left\{1 - \frac{e^{-\zeta\omega_n t}}{\sqrt{1-\zeta^2}} \sin(\omega_n\sqrt{1-\zeta^2}\,t + \varphi)\right\} \quad (5.6)$$

となる。ここで, $\varphi = \tan^{-1}\dfrac{\sqrt{1-\zeta^2}}{\zeta}$ である。

3) $\zeta=1$ の場合, $s_1, s_2 = -\omega_n$（重根）

$$Y(s) = \frac{\dfrac{1}{M}}{s^2 + 2\zeta\omega_n s + \omega_n^2} \cdot \frac{a}{s} = \frac{\dfrac{a}{M}}{s(s+\omega_n)^2} = \frac{K_0}{s} + \frac{K_{01}}{s+\omega_n} + \frac{K_{02}}{(s+\omega_n)^2}$$

の係数は, それぞれ

$$K_0 = \left[s \frac{\dfrac{a}{M}}{s(s+\omega_n)^2} \right]_{s=0} = \frac{\dfrac{a}{M}}{\omega_n^2}$$

$$K_{01} = \left[\frac{d}{ds}\left\{(s+\omega_n)^2 \frac{\dfrac{a}{M}}{s(s+\omega_n)^2}\right\} \right]_{s=-\omega_n} = \frac{\dfrac{a}{M}}{-\omega_n^2}$$

$$K_{02} = \left[(s+\omega_n)^2 \frac{\dfrac{a}{M}}{s(s+\omega_n)^2} \right]_{s=-\omega_n} = \left[-\frac{\dfrac{a}{M}}{s} \right]_{s=-\omega_n} = -\frac{\dfrac{a}{M}}{\omega_n} = -\frac{\dfrac{a}{M}}{\omega_n^2}\omega_n$$

となる。ゆえに, 次式となる。

$$y(t) = \frac{a}{k}\{1 - (1+\omega_n t)e^{-\omega_n t}\} \quad (5.7)$$

4) $\zeta>1$ の場合, $s_1, s_2 = -\zeta\omega_n \pm \omega_n\sqrt{\zeta^2-1}$

$$Y(s) = \frac{\dfrac{1}{M}}{s^2 + 2\zeta\omega_n s + \omega_n^2} \cdot \frac{a}{s} = \frac{K_0}{s} + \frac{K_1}{s-s_1} + \frac{K_2}{s-s_2}$$

の係数は，それぞれ

$$K_0 = \left[s \frac{\frac{a}{M}}{s(s-s_1)(s-s_2)} \right]_{s=0} = \frac{\frac{a}{M}}{s_1 s_2}$$

$$= \frac{\frac{a}{M}}{(-\zeta\omega_n + \omega_n\sqrt{\zeta^2-1})(-\zeta\omega_n - \omega_n\sqrt{\zeta^2-1})} = \frac{\frac{a}{M}}{\omega_n^2}$$

$$K_1 = \left[(s-s_1) \frac{\frac{a}{M}}{s(s-s_1)(s-s_2)} \right]_{s=s_1}$$

$$= \frac{\frac{a}{M}}{(-\zeta\omega_n + \omega_n\sqrt{\zeta^2-1})(2\omega_n\sqrt{\zeta^2-1})} = -\frac{\frac{a}{M}}{2\omega_n^2} \cdot \frac{\sqrt{\zeta^2-1}+\zeta}{\sqrt{\zeta^2-1}}$$

$$K_2 = \left[(s-s_2) \frac{\frac{a}{M}}{s(s-s_1)(s-s_2)} \right]_{s=s_2}$$

$$= \frac{\frac{a}{M}}{(-\zeta\omega_n - \omega_n\sqrt{\zeta^2-1})(-2\omega_n\sqrt{\zeta^2-1})} = \frac{\frac{a}{M}}{2\omega_n^2} \cdot \frac{-\sqrt{\zeta^2-1}+\zeta}{\sqrt{\zeta^2-1}}$$

となる。したがって

$$y(t) = \frac{a}{k}\left[1 - \frac{e^{-\zeta\omega_n t}}{\sqrt{\zeta^2-1}} \left\{ \sqrt{\zeta^2-1} \cosh\left(\omega_n\sqrt{\zeta^2-1}\,t\right) + \zeta \sinh\left(\omega_n\sqrt{\zeta^2-1}\,t\right) \right\} \right]$$
(5.8)

となる。

　無次元化した時間を横軸に，ζ をパラメータとしたステップ応答を図 **5.19** に示す。

　図の応答曲線から，パラメータ ζ の値によって応答が変わってくることから，この**減衰係数**（damping factor）ζ は，重要なパラメータである。このことを整理すると以下のようになる。

　$\zeta = 0$：減衰なく持続振動が続く。

　$0 < \zeta < 1$：**減衰振動**（damped oscillation）で，指数関数状に減衰し時間が

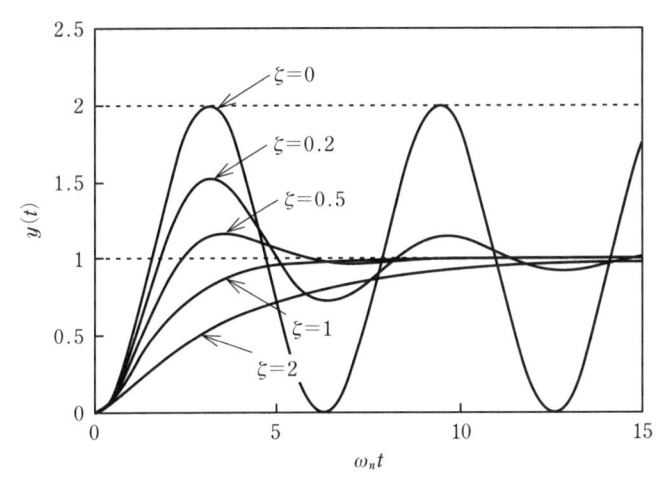

図 5.19 二次遅れ要素のステップ応答
（パラメータ：ζ, $a=k=1.0$）

たてば振動はなくなり，振幅は **0**（under damping）となる。

$\zeta=1$：振動が生じるかどうかの**臨界減衰**（critical damping）の状態で，非振動である。

$\zeta>1$：非振動的となり**過減衰**（over damping）である。

$\zeta<0$：通常は正の値が多いが，特に負の値の場合は振幅が増大する**発散振動**の状態となる。

5.3　ステップ応答における特性パラメータ

ステップ応答は代表的な応答であることから，要素の特性を表すパラメータが設定されている。

〔**1**〕 **一次遅れ要素の特性パラメータ**　　一次遅れ要素の伝達関数は，$G(s) = \dfrac{K}{1+Ts}$ であり，一次遅れ要素のステップ応答は，**5.2.4**項で求めたように

$$y(t) = aK\left(1 - e^{-\frac{1}{T}t}\right)$$

で表され，図 **5.20** に示される。

5. 時間応答

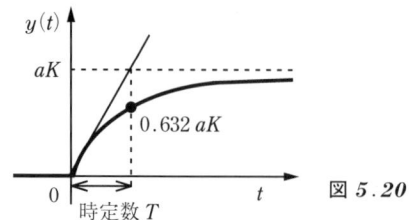

図5.20 ステップ応答

1) 時定数　応答の早さ加減を表すパラメータとして，$t=0$ での立上りは，次式で表される。

$$\left\{\frac{dy(t)}{dt}\right\}_{t=0} = \left[aK\frac{1}{T}e^{-\frac{1}{T}t}\right]_{t=0} = \frac{aK}{T} \quad (5.9)$$

この時間 T は**時定数**（time constant）と定義され，応答の早さを表し，制御ではよく使われるパラメータである。時定数 T が長いということは反応が鈍いことを意味する。

また，$t=T$ における $y(t)$ の値は，$y(t)=aK(1-e^{-1})=0.632\,aK$ となり，最終値 aK の 63.2 % の値となる。実験的に得られたステップ応答から時定数 T を求めるためには，この値までの時間を求めればよいことになる。

2) ゲイン定数　応答の最終値が入力の大きさの何倍になっているかのパラメータとして，入出力の大きさの比が**ゲイン定数**（gain constant）と定義される。この場合のゲイン定数は K である。

コーヒーブレイク

応答，時定数

「君は時定数の長い人間だね。」といわれて，喜んでいるようだと工学の知識があるとはいえない。それほど，時定数という制御で使われるパラメータは一般的になってきている。時定数は応答の時間的な敏感さを表している。この応答は，いろんなところで使われている。

以前から鉄道の車輪等が大丈夫かどうかの検査は，金鎚で叩き，その音によって熟練者が判断している。これは，まさしくインパルス応答であり，八百屋さんが，スイカの熟成度を指で叩いて判断しているのも同じ原理である。このように，各種応答は，その要素の特性を知るのに大いに役立つ方法である。

5.3 ステップ応答における特性パラメータ　　61

例題 5.1　図 **1.11** に示す水位系において，流入量 $q_{is}=2l/\mathrm{s}$，水位 $h_s=100\,\mathrm{cm}$ で平衡状態にあるところ，流入量が 1％ステップ状に増加した。この結果，水位はどのように変化して最終的にはいくらになるか，また，この場合の時定数 T はいくらになるか，さらに，時定数 T の 4 倍の時間では，最終値との差は何％程度であるかを求めよ。

ただし，タンクの断面積 $C=0.1\,\mathrm{m}^2$ とする。

【解答】　この水位系の流入量 q_i に対する水位 h の伝達関数 $G(s)$ は

$$G(s)=\frac{H(s)}{Q_i(s)}=\frac{R}{1+CRs}=\frac{R}{1+Ts} \qquad (5.10)$$

となる。ゆえに，水位は

$$H(s)=\frac{R}{1+Ts}Q_i(s)$$

となる。ここで，入力の流入量はステップ状に変化し，流入量の変化量を $\varDelta q_i$ とすると

$$Q_i(s)=\frac{\varDelta q_i}{s}$$

である。水位の変化 $h(t)$ は

$$h(t)=\mathscr{L}^{-1}\left\{\frac{R}{1+Ts}\cdot\frac{\varDelta q_i}{s}\right\}=\mathscr{L}^{-1}\left\{\frac{\dfrac{R}{T}}{s+\dfrac{1}{T}}\cdot\frac{\varDelta q_i}{s}\right\}=R\varDelta q_i\left(1-e^{-\frac{1}{T}t}\right) \qquad (5.11)$$

により，求めることができる。

線形化近似した抵抗 R は，平衡状態より

$$R=\frac{2h_s}{q_{is}}=\frac{2\times 100\,[\mathrm{cm}]}{2\,000\,[\mathrm{cm}^3/\mathrm{s}]}=0.1\,[\mathrm{cm}/(\mathrm{cm}^3/\mathrm{s})] \qquad (5.12)$$

また，時定数 T は

$$T=CR=0.1\times 10^4\,[\mathrm{cm}^2]\times 0.1\,[\mathrm{cm}/(\mathrm{cm}^3/\mathrm{s})]=100\,[\mathrm{s}] \qquad (5.13)$$

である。よって，水位 $h(t)$ は

$$h(t)=0.1\,[\mathrm{cm}/(\mathrm{cm}^3/\mathrm{s})]\times 2\,000\times 0.01\,[\mathrm{cm}^3/\mathrm{s}]\,(1-e^{-\frac{1}{100}t})$$

$$=2(1-e^{-\frac{1}{100}t})\,[\mathrm{cm}] \qquad (5.14)$$

となる。

最初の平衡状態での水位 $h_s=100\,\mathrm{cm}$ であることから，最終の水位は

$$t\to\infty\text{では，}\ h=h_s+h(\infty)=100+2=102\,\mathrm{cm}$$

$t=4T$ では，$h=h_s+2(1-e^{-4})=100+2(1-0.0183)=101.96$ cm となり，時定数 T の4倍の時間では，ほぼ最終値の98％となり，最終値になる目安の時間として使用される。　　　　　　　　　　　　　　　　　　◇

〔**2**〕　**二次遅れ要素の特性パラメータ**　　二次遅れ要素の伝達関数は，

$$Y(s)=\frac{\frac{1}{M}}{s^2+2\zeta\omega_n s+\omega_n^2}$$

であり，二次遅れ要素のステップ応答では，$0<\zeta<1$ の場合が重要で，式 (5.15) となり，図 **5.21** にその応答を示す。

$$y(t)=\frac{a}{k}\left\{1-\frac{e^{-\zeta\omega_n t}}{\sqrt{1-\zeta^2}}\sin(\omega_n\sqrt{1-\zeta^2}\,t+\varphi)\right\} \qquad (5.15)$$

ここで，$\varphi=\tan^{-1}\dfrac{\sqrt{1-\zeta^2}}{\zeta}$ である。

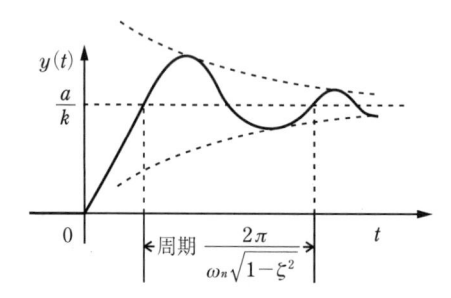

図 **5.21**　ステップ応答

1)　**固有角振動数**　　応答は減衰振動形となり，減衰振動の角振動数が $\omega_n\sqrt{1-\zeta^2}$ で，特に $\zeta=0$ における ω_n を**固有振動数**（natural frequency）という。

2)　**減衰係数**　　減衰振動の減衰の度合いは $\zeta\omega_n$ によって決まることから，ζ を**減衰係数**（damping factor）という。

〔**3**〕　**制御応答の評価パラメータ**　　目標値や外乱がステップ状に変化した場合の制御量の変化は二次遅れ要素のステップ応答に近似できることが多くあり，制御応答の評価パラメータとの関係により特性改善の指針とすることができる（図 **5.22**）。

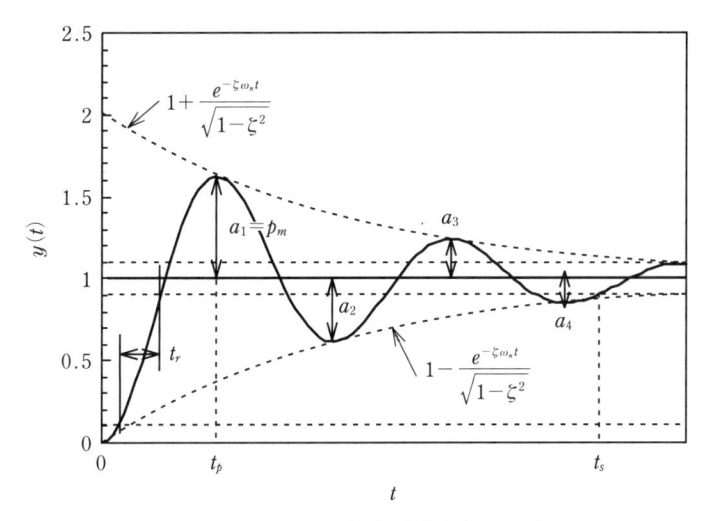

5.3 ステップ応答における特性パラメータ

図 5.22 ステップ応答の評価パラメータ

二次遅れ要素のステップ応答は

$$y(t)=\frac{a}{k}\left\{1-\frac{e^{-\zeta\omega_n t}}{\sqrt{1-\zeta^2}}\sin\left(\omega_n\sqrt{1-\zeta^2}\,t+\varphi\right)\right\}=1-\frac{e^{-\zeta\omega_n t}}{\sqrt{1-\zeta^2}}\sin(\omega_d t+\varphi) \tag{5.16}$$

とする。ただし，$\frac{a}{k}=1$，$\omega_n\sqrt{1-\zeta^2}=\omega_d$，$\varphi=\tan^{-1}\frac{\sqrt{1-\zeta^2}}{\zeta}$ である。

1） 行過ぎ時間　行過ぎ時間 (peak time) t_p は図 5.22 から式 (5.16) の極値の最初の点までの時間である。すなわち，$dy(t)/dt=0$ となる $t=0$ 以外で最初の点であることから，次式で求められる。

$$t_p=\frac{\pi}{\omega_d}=\frac{\pi}{\omega_n\sqrt{1-\zeta^2}} \tag{5.17}$$

2） 行過ぎ量　行過ぎ量 (overshoot) p_m は $t=t_p$ におけるピーク値 $y(t_p)$ から最終値を引いた値であるから，次式で求められる。

$$p_m=e^{-\frac{\zeta}{\sqrt{1-\zeta^2}}\pi} \tag{5.18}$$

3） 立上り時間　立上り時間 (rise time) t_r は図 5.22 から，最終値の 10 % から 90 % に達するまでに要する時間のことである。

4) 振幅減衰比　図 5.22 における a_1 と a_3，あるいは a_2 と a_4 などの比であることから，周期 τ は

$$\tau = \frac{2\pi}{\omega_d} = \frac{2\pi}{\omega_n \sqrt{1-\zeta^2}}$$

であり，一周期後の振幅の比である。ゆえに，**振幅減衰比**（amplitude damping ratio）λ は次式で求められる。

$$\lambda = e^{-\zeta \omega_n \tau} = e^{-\frac{2\zeta}{\sqrt{1-\zeta^2}}\pi} \tag{5.19}$$

5) 整定時間　整定時間（settling time）t_s は最終値の 1.8% 以内に収まる時間で定義され，ほぼ最終値になった目安の時間として使用される。

減衰振動の振幅の包絡線は次式で与えられる。

$$y(t) = 1 \pm e^{-\zeta \omega_n t} \tag{5.20}$$

ただし，$0 < \zeta < 1$ においては，$\zeta^2 \fallingdotseq 0$ とみなす。この包絡線の時定数は，$T = 1/\zeta\omega_n$ である。この時定数の 4 倍の時間をとると

$$y(t) = 1 \pm e^{-4} = 1 \pm 0.018$$

となる。ゆえに，整定時間は次式で表される。

$$t_s = 4T = \frac{4}{\zeta \omega_n} \tag{5.21}$$

いずれの特性の評価パラメータも減衰係数 ζ の関数であることから，ζ は非常に重要であることがわかる。ζ は小さいほど，行過ぎ量，整定時間とも大きくなることを覚えておくほうがよい。ここでは，結果のみを示しているが，各自計算してみること。

演 習 問 題

【1】 図 5.23 に示す質量とばねの系において，質量 M に衝撃力（単位インパルス）が加わった場合，質量 M の変位の応答を求めよ。摩擦はないものとする。

【2】 図 5.24 のブロック線図で表される系において，目標値を単位ステップ状に変化させた場合，出力はどのように変化するか求めよ。ただし $K_a = 3.25$ とする。

演習問題 65

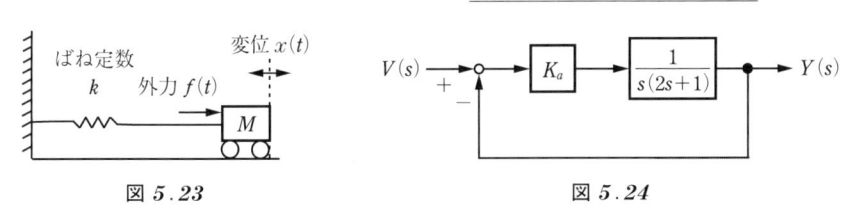

【3】 図 5.25 の水位系において，目標値 h_v をステップ状に 5 cm 増加させた場合の水位 h_2 の応答を求めよ。ただし，時定数 $T_1=20$ 〔s〕，$T_2=5$ 〔s〕，ゲイン定数 $K=10$ 〔$(cm^3/s)/cm$〕，抵抗 $R=0.3$ 〔$cm/(cm^3/s)$〕とする。

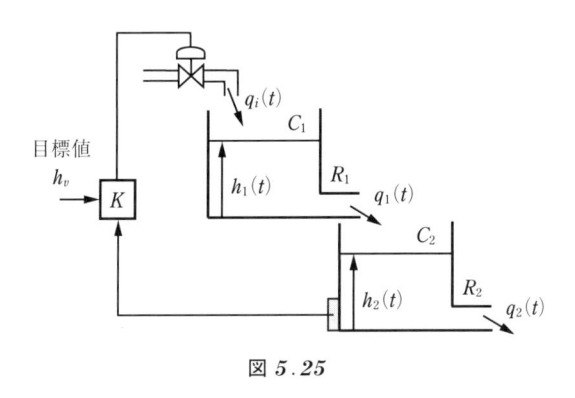

図 5.25

【4】 一次遅れ要素の単位ステップ応答のデータが表 5.1 のように得られた。時定数 T，ゲイン定数 K を求めよ。また，時定数 T の 4 倍の時間では，最終値の何％以内に収まっているか。

表 5.1

時刻 t〔s〕	0	1	2	3	4	5	6	7	8	9	10	∞
位置 y〔cm〕	5	5.91	6.65	7.26	7.75	8.16	8.49	8.77	8.99	9.17	9.32	10.00

【5】 二次遅れ要素のインパルス応答を求めよ。

6

周 波 数 応 答

5章では，要素の時間的応答について検討してきたが，入力としては，周期的に変化するものが考えられる。例えば，自動車が道路を走行している場合（図 *6.1*），路面の凹凸から受ける車体の上下運動，あるいは，電話の人間の声を再現するためのスピーカなどがある。このように周波数に対する出力も重要になる。入力を正弦波として，周波数を変化させた場合の出力の**周波数特性**（frequency characteristics）を**周波数応答**（frequency response）と呼んでいる。時間的応答は定常値になるまでの特性（過渡特性という）であるのに対し，周波数応答では，定常的に変化している特性であることから，定常状態での特性のみを考える。また，要素や制御系全体の特性を周波数領域で表すことで，制御系の解析，設計に便利な点が多くあることから周波数応答は有力な手段である。

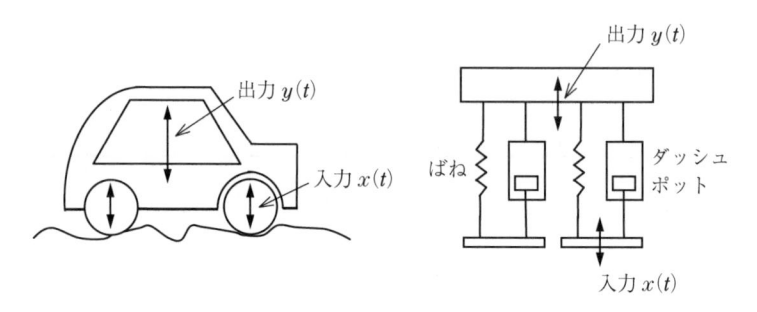

図 *6.1* 自動車が路面の凹凸から受ける上下運動

6.1 周波数応答とは

周波数応答の入出力は正弦波であり，正弦波関数は

$$x(t) = A\sin(\omega t + \phi) \tag{6.1}$$

で表されることから，情報として，振幅 A，角周波数 ω 〔rad/s〕，位相 ϕ 〔rad〕または〔deg〕の三つがあり，このうちの角周波数の変化に対して，振幅，位相の変化をみることになる．制御では数式上，角周波数ではあるが，単に周波数と表現することが多い．一定振幅の正弦波を入力した場合の周波数応答の様子を図 **6.2** に示す．

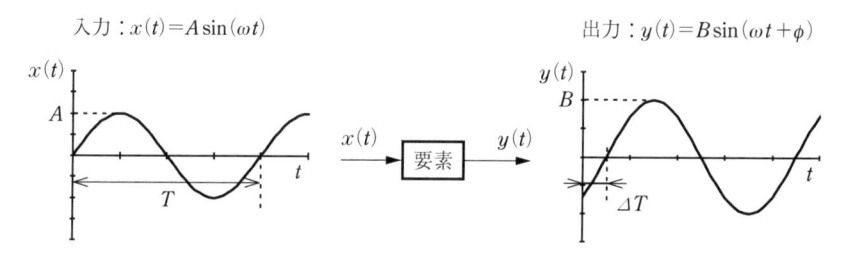

図 6.2 周波数応答の様子

出力は入力と同じ角周波数の正弦波となるが，振幅の変化と時間的なずれが生じる．この変化が周波数によって変わってくるのが周波数応答である．

そして入力の周波数の変化に対して振幅の変化は，入力振幅 A に対しての出力振幅 B の比で定義され，次式で表される．

$$\text{振幅比：ゲイン (gain)} = \frac{B}{A} \tag{6.2}$$

時間的なずれは，数式上から角度となり，位相ずれと定義される．**位相 (phase)** は ϕ で表され

$$\text{遅れ時間：} \Delta T = \frac{\phi}{2\pi} T \tag{6.3}$$

となる．ただし，$T = 2\pi/\omega$ は周期である．

6.2 周波数応答の求め方

水槽の水位変化を例に考えてみよう．入力 $q_i(t)$ に対する出力 $h(t)$ の関係式は，次式で表される．

6. 周波数応答

$$T\frac{dh(t)}{dt} + h(t) = Rq_i(t) \tag{6.4}$$

流入量 $q_i(t)$ が正弦波状に変化すると，2章で述べたように複素数表示が便利であり，次式となる。

$$q_i(t) = qe^{j\omega t} \tag{6.5}$$

また，水位 $h(t)$ も複素数となり，次式となる。

$$h(t) = H(j\omega)e^{j\omega t} \tag{6.6}$$

$H(j\omega)$ には水位変化の振幅と位相ずれが含まれる。式 (6.5)，(6.6) を式 (6.4) に代入すると

$$Tj\omega H(j\omega)e^{j\omega t} + H(j\omega)e^{j\omega t} = Rqe^{j\omega t} \tag{6.7}$$

より，次式となる。

$$H(j\omega) = \frac{Rq}{1+j\omega T} \tag{6.8}$$

水位 $H(j\omega)$ は 2 章で述べたように，大きさ，位相が含まれる。そこで，実数部と虚数部を明確にするため，分母，分子に $(1-j\omega T)$ を掛けて整理すると

$$\begin{aligned}H(j\omega) &= \frac{Rq}{1+j\omega T} = \frac{Rq(1-j\omega T)}{(1+j\omega T)(1-j\omega T)} \\ &= \frac{Rq}{1+\omega^2 T^2} - j\frac{Rq\omega T}{1+\omega^2 T^2}\end{aligned} \tag{6.9}$$

となる。ここで

$$\text{実数部：Re} = \frac{Rq}{1+\omega^2 T^2}, \quad \text{虚数部：Im} = -\frac{Rq\omega T}{1+\omega^2 T^2}$$

となり，2.3 節で述べたように $H(j\omega)$ の絶対値（ベクトルの長さ），角度は次式で求められる。

$$|H(j\omega)| = \sqrt{\text{Re}^2+\text{Im}^2} = \sqrt{\left(\frac{Rq}{1+\omega^2 T^2}\right)^2 + \left(\frac{-Rq\omega T}{1+\omega^2 T^2}\right)^2} = \frac{Rq}{\sqrt{1+\omega^2 T^2}} \tag{6.10}$$

入力 $q_i(t)$ の振幅は q であるから，振幅比は

$$\frac{|H(j\omega)|}{q} = \frac{R}{\sqrt{1+\omega^2 T^2}} \tag{6.11}$$

で表され，ω の関数であることから，ω の値により出力の振幅が変化することがわかる。この入出力の振幅比がゲインである。

つぎに，位相（角度）は次式で求められる。

$$\angle H(j\omega) = \tan^{-1}\frac{\mathrm{Im}}{\mathrm{Re}} = \tan^{-1}(-\omega T) \tag{6.12}$$

式 (6.12) より，位相もまた ω の関数であり，出力の時間的ずれは ω とともにずれていくことがわかる。これは，入出力間の**位相ずれ**（phase shift）または単に位相と呼ぶ。

式 (6.11)，(6.12) で求めたゲイン，位相ずれが角周波数 ω についてどのように変化するかが周波数応答である。図 **6.1** に示した自動車の場合，いろいろな凹凸（ω の違い）に対して，車体の上下変化が小さいほうがよいことは歴然としている。すなわち，ゲイン，位相ずれとも小さくすることが工学技術である。

6.3 周波数伝達関数

水槽の場合，式 (6.8) より入出力関係は

$$\frac{H(j\omega)}{q} = \frac{R}{1+j\omega T} \tag{6.13}$$

となる。また，式 (3.5) で求めた水槽の伝達関数 $G(s)$ は

$$G(s) = \frac{H(s)}{Q(s)} = \frac{R}{1+Ts} \tag{6.14}$$

であり，演算子 $s=j\omega$ と置くと，式 (6.13) となることがわかる。

このように，すでに求めた s の関数である伝達関数 $G(s)$ の $s=j\omega$ と置き換えることによって，周波数に関する入出力関係が得られることになる。伝達関数 $G(s)$ の s を $j\omega$ に置き換えた $G(j\omega)$ の関数を**周波数伝達関数**（frequency transfer function）という。このことから，伝達関数 $G(s)$ が求まれ

ば，周波数応答は容易に求めることができる．すなわち，ゲイン＝$|G(j\omega)|$，位相ずれ＝$\angle G(j\omega)$ となる．

6.4 周波数応答の図式表示法

周波数の変化に対するゲインと位相ずれの特性を図式的に表現する方法としては，ベクトル軌跡とボード線図がある．

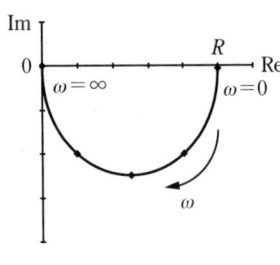

6.4.1 ベクトル軌跡

ベクトル軌跡（vector diagram）とは，周波数伝達関数 $G(j\omega)$ のベクトルの先端が $\omega=0$ から $\omega\to\infty$ まで角周波数が変化した場合に，描く軌跡である．水槽の伝達関数のベクトル軌跡を求めてみよう．

$$\text{伝達関数}: G(s)=\frac{R}{1+Ts}, \quad \text{周波数伝達関数}: G(j\omega)=\frac{R}{1+j\omega T}$$

$$\text{ゲイン}: |G(j\omega)|=\frac{R}{\sqrt{1+(\omega T)^2}}, \quad \text{位相ずれ}: \angle G(j\omega)=\tan^{-1}(-\omega T)$$

$$(6.15)$$

ここで，ω の変化に対する $|G|$，$\angle G$ を**表 6.1** に，ベクトル軌跡を**図 6.3** に示す．

表 6.1 ω の変化に対するゲインと位相ずれ

ω	0	$\dfrac{1}{2T}$	$\dfrac{1}{T}$	$\dfrac{2}{T}$	∞
$|G|$	R	$\dfrac{R}{\sqrt{1.25}}$	$\dfrac{R}{\sqrt{2}}$	$\dfrac{R}{\sqrt{5}}$	0
$\angle G$	0	$-27°$	$-45°$	$-63°$	$-90°$

図 6.3 ベクトル軌跡

6.4.2 ボード線図

ボード線図（Bode diagram）は，角周波数 ω を横軸に対数目盛でとること

6.4 周波数応答の図式表示法

で，広い周波数領域を表せるようにし，振幅比（ゲイン），位相は縦軸にそれぞれの特性として表す。ただし，ゲインは常用対数の20倍をとり，dB（デシベル）の単位で表す。

水槽の場合のボード線図は，式 (6.15) から得られるゲイン $|G(j\omega)| = \dfrac{R}{\sqrt{1+(\omega T)^2}}$ より

$$|G(j\omega)|_{dB} = 20 \log |G(j\omega)| = 20 \log \frac{R}{\sqrt{1+(\omega T)^2}}$$

$$= 20 \log R - 20 \log \sqrt{1+(\omega T)^2} \quad (6.16)$$

で求められる。位相 $\angle G(j\omega)$ はベクトル軌跡を求めるときに用いた式を用いればよい。角周波数 ω の変化に対するゲインと位相ずれを**表 6.2** に，$R=10$，$T=5$ とした場合のボード線図を**図 6.4** に示す。

表 6.2 ω の変化に対するゲインと位相ずれ

ω	0	...	$\dfrac{1}{2T}$	$\dfrac{1}{T}$	...	$\dfrac{2}{T}$	...	∞
$|G|$	R	...	$\dfrac{R}{\sqrt{1.25}}$	$\dfrac{R}{\sqrt{2}}$	...	$\dfrac{R}{\sqrt{5}}$	...	0
$|G|_{dB}$	$20 \log R$	...	...	$20 \log \dfrac{R}{\sqrt{2}}$	...	...	...	$-\infty$
$\angle G$	0	...	$-27°$	$-45°$	...	$-63°$	...	$-90°$

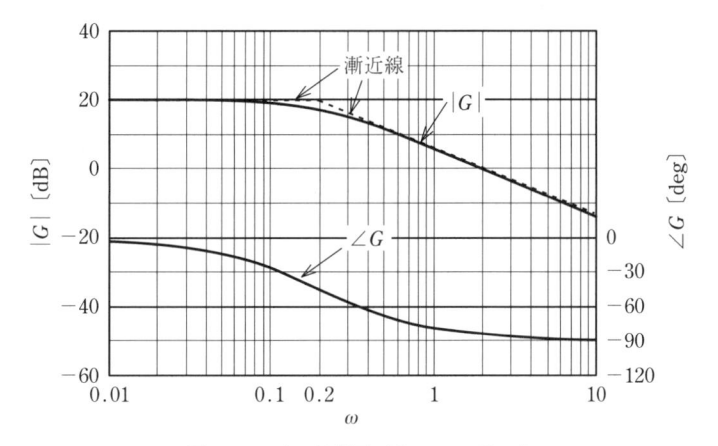

図 6.4 ボード線図 ($R=10$, $T=5$)

図 **6.4** のボード線図は一次遅れ要素のボード線図であり，ボード線図ではゲインは直線で近似できることも大きな特徴である．

ゲイン $|G(j\omega)|_{dB} = 20 \log R - 20 \log \sqrt{1+(\omega T)^2}$ において

$\omega T \ll 1$　　$|G(j\omega)|_{dB} \fallingdotseq 20 \log R - 20 \log 1 = 20 \log R$

$\omega T = 1$　　$|G(j\omega)|_{dB} = 20 \log R - 20 \log \sqrt{2} \fallingdotseq 20 \log R - 3$

$\omega T \gg 1$　　$|G(j\omega)|_{dB} \fallingdotseq 20 \log R - 20 \log \omega T$

ここで

$\omega T = 1$　　　$|G(j\omega)|_{dB} = 20 \log R$

$\omega T = 10$　　$|G(j\omega)|_{dB} = 20 \log R - 20$

$\omega T = 100$　$|G(j\omega)|_{dB} = 20 \log R - 40$

となり，10倍の周波数の隔たり（1 decade）に対して，-20 dB 小さくなる（-20 dB/dec）直線である．このように，$\omega T = 1$ で特性が変わり，$\omega T \ll 1$ では $20 \log R$ に漸近し，$\omega T \gg 1$ では -20 dB/dec の直線に漸近する．そこで，$\omega = 1/T$ は**折れ点周波数**（break point frequency），あるいは**カットオフ周波数**（cut-off frequency）と呼ばれ，特性を表す重要なパラメータである．

6.4.3 積分要素のベクトル軌跡とボード線図

積分要素の伝達関数は，$G(s) = K_I/s$ であることから，周波数伝達関数は，$G(j\omega) = K_I/j\omega$ で表される．$K_I/j\omega = -jK_I/\omega$ であることから

　　ゲイン：$|G(j\omega)| = \dfrac{K_I}{\omega}$　　　　　　　　　　　　　　　(6.17)

　　位　相：$\angle G(j\omega) = \tan^{-1}(-\infty) = -90°$　　　　　　(6.18)

となる．ベクトルの大きさは，$\omega = 0$ で ∞ となり，$\omega = \infty$ では 0 となる．位相は ω に無関係に $-90°$ と一定であることから，ベクトル軌跡は図 **6.5** に示すようになる．

つぎにボード線図は，ゲインをデシベル表示にすればよいことから，式 (6.19) を用いて描くことができる．

図 6.5 積分要素の
ベクトル軌跡

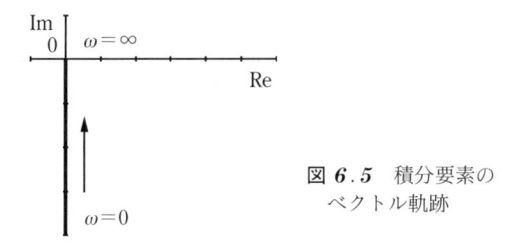

$$\text{ゲイン}：|G(j\omega)|_{dB}=20\log\frac{K_I}{\omega}=20\log K_I-20\log\omega\ [\text{dB}] \quad (6.19)$$

図 6.6 に積分要素のボード線図を示す。ゲイン曲線は，周波数 1 decade に対して，-20 dB となり，-20 dB/dec の傾きの直線であり，$\omega=K_I$ において 0 dB となることがわかる。

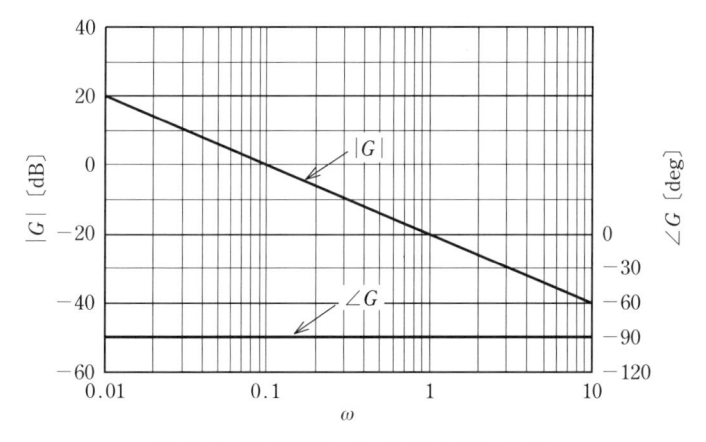

図 6.6 積分要素のボード線図 ($K_I=0.1$)

6.4.4 微分要素のベクトル軌跡とボード線図

微分要素の伝達関数は，$G(s)=K_D s$ であることから，周波数伝達関数は，$G(j\omega)=j\omega K_D$ で表される。

$$\text{ゲイン}：|G(j\omega)|=K_D\omega \quad (6.20)$$

$$\text{位相}：\angle G(j\omega)=\tan^{-1}(\infty)=90° \quad (6.21)$$

となる。ベクトルの大きさは，$\omega=0$ で 0 となり，$\omega=\infty$ では ∞ となる。位相

は，ω に無関係に 90° と一定であることから，ベクトル軌跡は図 **6.7** に示すようになり，積分要素の特性の逆となる。

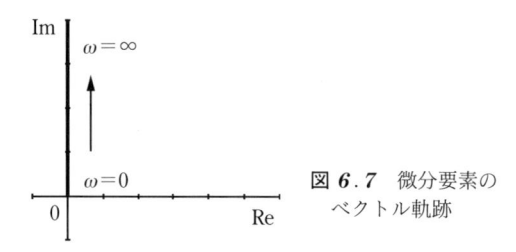

図 **6.7** 微分要素のベクトル軌跡

つぎに，ボード線図は

$$\text{ゲイン}: |G(j\omega)|_{\text{dB}} = 20 \log K_D \omega = 20 \log K_D + 20 \log \omega \text{ [dB]} \quad (6.22)$$

となり，図 **6.8** に微分要素のボード線図を示す。周波数 1 decade の増加に対して，20 dB 増加し，20 dB/dec の傾きの直線であり，$\omega = 1/K_D$ において 0 dB となることがわかる。

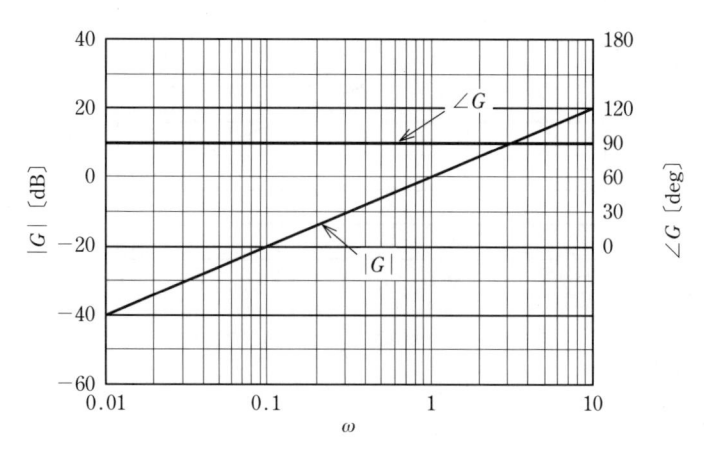

図 **6.8** 微分要素のボード線図（$K_D = 1.0$）

また，微分要素は擬似微分要素の伝達関数として，式（3.26）で表した伝達関数も用いられる。この場合の伝達関数は，$G(s) = \dfrac{Ts}{1+Ts}$ であることから，周波数伝達関数は，$G(j\omega) = \dfrac{j\omega T}{1+j\omega T}$ で表され

ゲイン：$|G(j\omega)| = \dfrac{1}{\sqrt{1 + \dfrac{1}{(\omega T)^2}}}$ (6.23)

位　相：$\angle G(j\omega) = \tan^{-1} \dfrac{1}{\omega T}$ (6.24)

となる．一次遅れ要素のゲイン，位相の式（6.12）の ωT を符号変転し逆数にしたものと同じとなり $\omega=0$ では，ゲインは 0，位相は 90° となり，$\omega=\infty$ では，ゲインは 1，位相は 0° となる．ベクトル軌跡を図 **6.9** に示す．

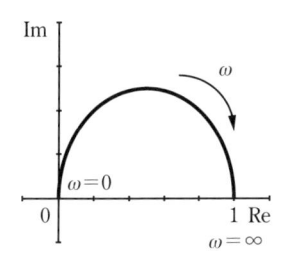

図 **6.9**　擬似微分要素のベクトル軌跡

この擬似微分要素のボード線図は

ゲイン：$|G(j\omega)|_{dB} = -20 \log \sqrt{1 + \dfrac{1}{(\omega T)^2}}$〔dB〕 (6.25)

で表され

$\omega T \ll 1$　　ゲイン：$|G(j\omega)|_{dB} = 20 \log \omega T$〔dB〕

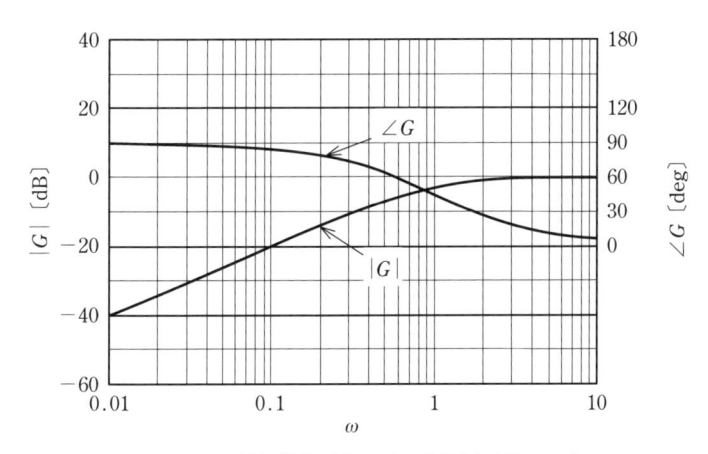

図 **6.10**　擬似微分要素のボード線図（$T=1.0$）

$\omega T \gg 1$　　ゲイン：$|G(j\omega)|_{dB} \fallingdotseq 0$〔dB〕

$\omega T = 1$　　ゲイン：$|G(j\omega)|_{dB} \fallingdotseq -3$〔dB〕

となり，一次遅れ要素の特性と対称的であることがわかる。ボード線図を図 **6.10** に示す。このボード線図より，ω が $1/T$ より小さい領域では，図 **6.8** に示した微分要素の特性とほぼ同じとなり微分効果があることがわかる。T の値を小さくすることで，ω の広い領域での微分効果が得られることになる。

6.4.5　二次遅れ要素のベクトル軌跡とボード線図

二次遅れ要素の伝達関数は，標準型として

$$G(s) = \frac{\omega_n^2}{s^2 + 2\zeta\omega_n s + \omega_n^2} \qquad (6.26)$$

で表されることが多い。このときの周波数伝達関数は

$$G(j\omega) = \frac{\omega_n^2}{(j\omega)^2 + 2\zeta\omega_n j\omega + \omega_n^2} = \frac{1}{1 - \left(\dfrac{\omega}{\omega_n}\right)^2 + j2\zeta\dfrac{\omega}{\omega_n}} \qquad (6.27)$$

で表されることから

$$\text{ゲイン：} |G(j\omega)| = \frac{1}{\sqrt{\left\{1 - \left(\dfrac{\omega}{\omega_n}\right)^2\right\}^2 + \left(2\zeta\dfrac{\omega}{\omega_n}\right)^2}} \qquad (6.28)$$

$$\text{位　相：} \angle G(j\omega) = -\tan^{-1} \frac{2\zeta\dfrac{\omega}{\omega_n}}{1 - \left(\dfrac{\omega}{\omega_n}\right)^2} \qquad (6.29)$$

となる。

代表的な ω に対して，ゲイン，位相はつぎのようになり，減衰係数 ζ の値により特性が変化する。

$\omega = 0$　　　$|G(j\omega)| = 1$, $\angle G(j\omega) = 0°$

$\omega = \omega_n$　　$|G(j\omega)| = 1/2\zeta$, $\angle G(j\omega) = -90°$

$\omega = \infty$　　$|G(j\omega)| = 0$, $\angle G(j\omega) = -180°$

減衰係数 ζ をパラメータとしてベクトル軌跡を描くと，図 **6.11** で表される。

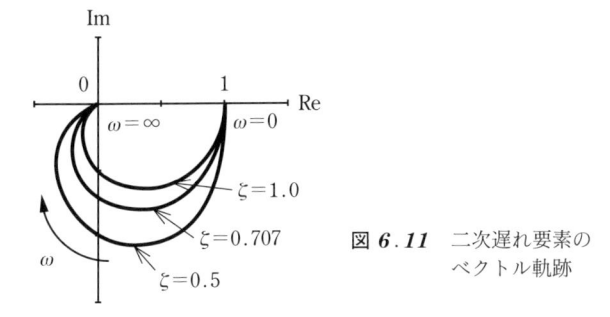

図 **6.11** 二次遅れ要素のベクトル軌跡

つぎにボード線図は

$$\text{ゲイン：} |G(j\omega)|_{\text{dB}} = 20 \log \frac{1}{\sqrt{\left\{1-\left(\frac{\omega}{\omega_n}\right)^2\right\}^2 + \left(2\zeta\frac{\omega}{\omega_n}\right)^2}} \text{〔dB〕} \quad (6.30)$$

であるから

$\dfrac{\omega}{\omega_n} \ll 1$　　$|G(j\omega)|_{\text{dB}} = -20 \log \sqrt{1} = 0$ 〔dB〕, $\angle G(j\omega) = 0°$

$\dfrac{\omega}{\omega_n} = 1$　　$|G(j\omega)|_{\text{dB}} = -20 \log (2\zeta)$ 〔dB〕, $\angle G(j\omega) = -90°$

$\dfrac{\omega}{\omega_n} \gg 1$　　$|G(j\omega)|_{\text{dB}} = -20 \log \left(\dfrac{\omega}{\omega_n}\right)^2 = -40 \log \dfrac{\omega}{\omega_n}$ 〔dB〕,

　　　　　　$\angle G(j\omega) = -180°$

であることがわかる。低周波数域では，ゲインは 0 dB の直線に漸近し，位相は 0° に漸近する。また，高周波数域では，ゲインは -40 dB/dec の傾きの直線に漸近し，位相は -180° に漸近する。そして，$\omega/\omega_n = 1$ において，ゲインの両漸近線は交わり，位相はつねに -90° となる。減衰係数 ζ をパラメータとしてボード線図を描くと図 **6.12** のようになる。

この図より，減衰係数 ζ の値が小さくなるとゲイン（dB）が $\omega/\omega_n = 1$ 付近でピークが現れることがわかる。では，このピーク値はいくらになるかを求めてみよう。

ゲイン $|G(j\omega)|_{\text{dB}}$ は ω の関数であり，極値から，最大値は求めることができ

78　6. 周波数応答

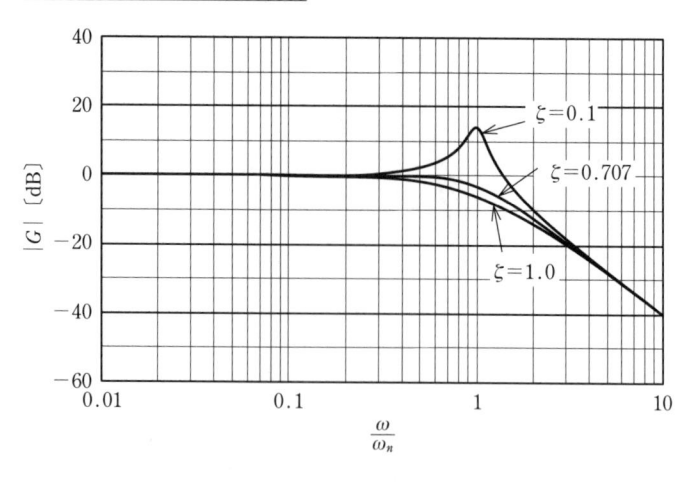

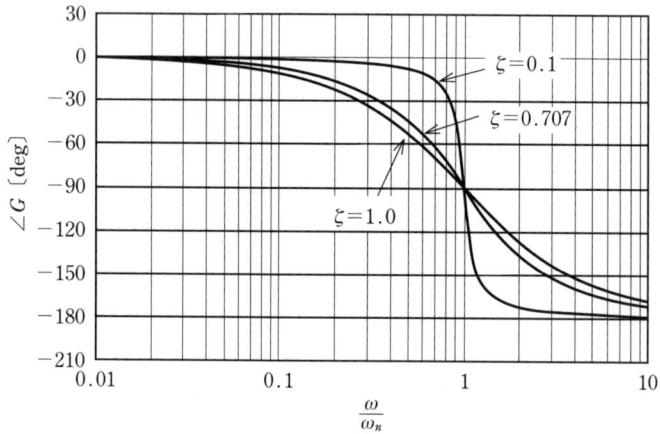

図 6.12 二次遅れ要素のボード線図

る。すなわち

$$\frac{d}{d\left(\frac{\omega}{\omega_n}\right)}\{|G(j\omega)|\} = \frac{d}{d\left(\frac{\omega}{\omega_n}\right)}\left\{\frac{1}{\sqrt{\left\{1-\left(\frac{\omega}{\omega_n}\right)^2\right\}^2 + \left(2\zeta\frac{\omega}{\omega_n}\right)^2}}\right\} = 0 \quad (6.31)$$

より, $\omega = \omega_n\sqrt{1-2\zeta^2}$ のとき, ゲインは最大となり, 最大値 M_p は次式で表される。

$$M_p = |G(j\omega)| = \frac{1}{2\zeta\sqrt{1-\zeta^2}} \quad (6.32)$$

ただし，$1-2\zeta^2>0$ であることから，$\zeta<\dfrac{1}{\sqrt{2}}\fallingdotseq 0.707$ のときピークが生じることになる。

6.4.6　むだ時間要素のベクトル軌跡とボード線図

むだ時間要素の伝達関数は，$G(s)=e^{-Ls}$ であることから，周波数伝達関数は，$G(j\omega)=e^{-j\omega L}$ で表される。すなわち，ゲイン，位相はそれぞれ

　　ゲイン：$|G(j\omega)|=1$

　　位　相：$\angle G(j\omega)=-\omega L$　　　　　　　　　　　　　　　　(6.33)

となる。むだ時間要素のゲインは ω には無関係につねに1の大きさであり，位相は ω に比例して遅れることになる。ベクトル軌跡は図 **6.13** に示すよう

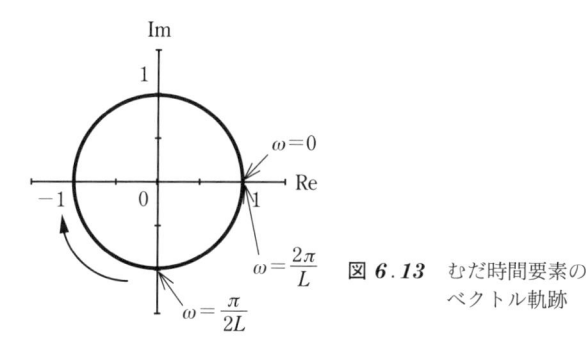

図 6.13 むだ時間要素のベクトル軌跡

　　　コーヒーブレイク

周波数特性，可聴域，可視光

　人間が聴くことのできる音の周波数領域は，20 Hz～20 kHz であり，この領域を可聴域と呼ぶ。また，人間が感知できる光の周波数は，およそ 400～790 THz であり，光の波長にすると 380 nm～760 nm の範囲だけが見えていることになる。この周波数の領域での感度が周波数に対して同じかどうかを知るのが周波数特性である。

　光の場合，ある領域の感度が低いとそれに対応する色の判別ができないことになる。通常，光は，1 nm～1 mm の波長範囲であることから，人間は光のうちのほんのわずかな範囲の光しか見ていないことを知っておくのがよい。動物たちは人間より長い波長領域が見えているようである。では，植物たちはどうなのだろう。また，音についても同様である。

に，半径1の円周上を時計周りに回るものとなる。

ボード線図においては

$$\text{ゲイン}：|G(j\omega)|_{dB} = 20 \log 1 = 0 \tag{6.34}$$

$$\text{位　相}：\angle G(j\omega) = -\omega L \tag{6.35}$$

であるから，図 **6.14** のボード線図となる。

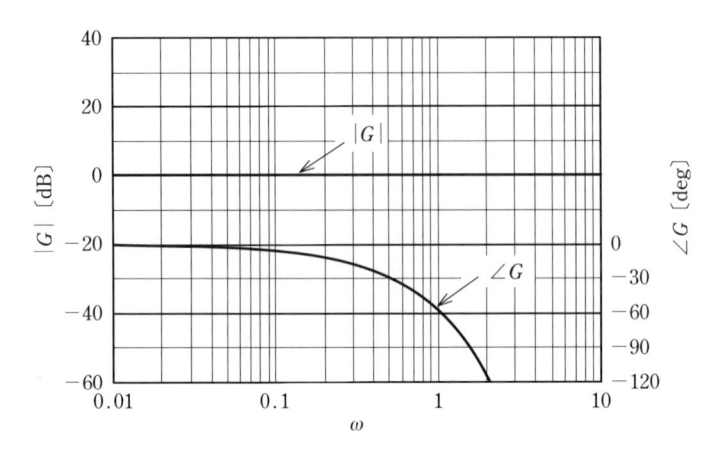

図 **6.14**　むだ時間要素のボード線図（$L=1.0$）

6.4.7　直列結合のベクトル軌跡とボード線図

要素がいくつも直列に結合されている場合の伝達関数は，**4** 章で示したように，単純にそれぞれの伝達関数の積で表される。周波数特性においても，それぞれの特性から求めることができる。では，図 **6.15** の例を用いて求めてみよう。

それぞれのゲイン，位相を求めると

$$\text{ゲイン}：|G_1(j\omega)| = \frac{0.1}{\omega}, \quad \text{位　相}：\angle G_1(j\omega) = -90° \tag{6.36}$$

図 **6.15**　要素の直列結合

6.4　周波数応答の図式表示法

$$\text{ゲイン：}|G_2(j\omega)|=\frac{10}{\sqrt{1+(5\omega)^2}}, \quad \text{位　相：}\angle G_2(j\omega)=-\tan^{-1}(5\omega)$$

$$(6.37)$$

となる。全体の伝達関数 $G(s)$ は

$$G(s)=G_1(s)\,G_2(s)=|G_1|e^{\angle G_1}|G_2|e^{\angle G_2}=|G_1||G_2|e^{\angle G_1+\angle G_2} \quad (6.38)$$

であることから，全体のゲイン，位相は次式のようになる。

$$\text{ゲイン：}|G(j\omega)|=|G_1(j\omega)||G_2(j\omega)|=\frac{0.1}{\omega}\cdot\frac{10}{\sqrt{1+(5\omega)^2}} \quad (6.39)$$

$$\text{位　相：}\angle G(j\omega)=\angle G_1(j\omega)+\angle G_2(j\omega)=-90°-\tan^{-1}(5\omega) \quad (6.40)$$

すなわち，直列結合されている全体のゲインは，それぞれの要素のゲインの積で求められ，位相は，それぞれの要素の位相の和で求められる。

さらに，ボード線図の場合，ゲインはデシベル表示であることから，次式のように表される。

$$\text{ゲイン：}|G(j\omega)|_{\text{dB}}=20\log|G_1||G_2|=20\log|G_1|+20\log|G_2|$$

$$=20\log\frac{0.1}{\omega}+20\log\frac{10}{\sqrt{1+(5\omega)^2}}$$

$$=20\log 0.1-20\log\omega+20\log 10-20\log\sqrt{1+(5\omega)^2}$$

$$(6.41)$$

すなわち，ボード線図で表す場合，ゲイン，位相ともにそれぞれの要素のゲイン〔dB〕，位相を加え合わせれば，全体の特性が得られる利点があることがわかる。基本的な6要素の特性はすでに求めていることから，それぞれの特性を

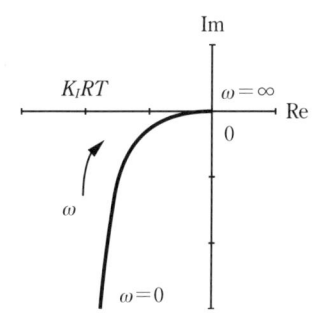

図 **6.16**　ベクトル軌跡

ボード線図で表し，図式的に加え合わせれば，所要の特性が得られることから非常に便利である。

図 6.15 は積分要素と一次遅れ要素の直列結合であることから，ベクトル軌跡，ボード線図はそれぞれ図 6.16，図 6.17 のようになる。

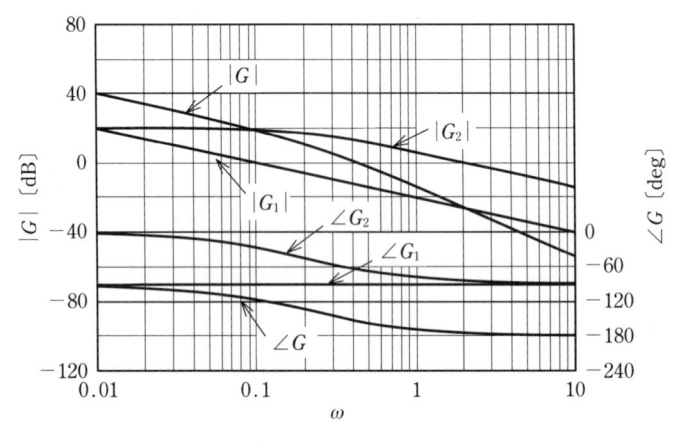

図 6.17　ボード線図

6.5　開回路周波数特性から閉回路周波数特性を求める

これまでは，各要素における入出力の周波数特性について調べてきた。ここでは，制御系における周波数特性を調べてみよう。制御系では，主としてフィードバック制御となり，単純化すると図 6.18 となる。

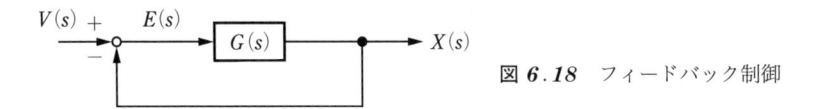

図 6.18　フィードバック制御

偏差 $E(s)$ に対する制御量 $X(s)$ の周波数特性は

$$\frac{X(j\omega)}{E(j\omega)} = G(j\omega) = |G(j\omega)|e^{-j\phi} \tag{6.42}$$

で表され，ここで，$|G(j\omega)|$ はゲインを，ϕ は位相遅れをそれぞれ表している。フィードバック回路（閉回路）の伝達関数 $M(j\omega)$ は次式で表される。

6.5 開回路周波数特性から閉回路周波数特性を求める

$$M(j\omega) = \frac{X(j\omega)}{V(j\omega)} = \frac{G(j\omega)}{1+G(j\omega)} = |M(j\omega)|e^{-j\alpha} \quad (6.43)$$

ブロック線図の整理で述べたように，フィードバック回路の伝達関数はつねに一定の法則に従うことから，この関係を図表にすることが考えられる。

すなわち

$$\frac{X(j\omega)}{V(j\omega)} = \frac{1}{1+\dfrac{1}{G(j\omega)}} = \frac{1}{1+\dfrac{1}{|G(j\omega)|}e^{j\phi}}$$

$$= \frac{1}{1+\dfrac{1}{|G(j\omega)|}(\cos\phi + j\sin\phi)} \quad (6.44)$$

となる。したがって

$$M = |M(j\omega)| = \frac{1}{\sqrt{1+\dfrac{2\cos\phi}{|G(j\omega)|}+\dfrac{1}{|G(j\omega)|^2}}} \quad (6.45)$$

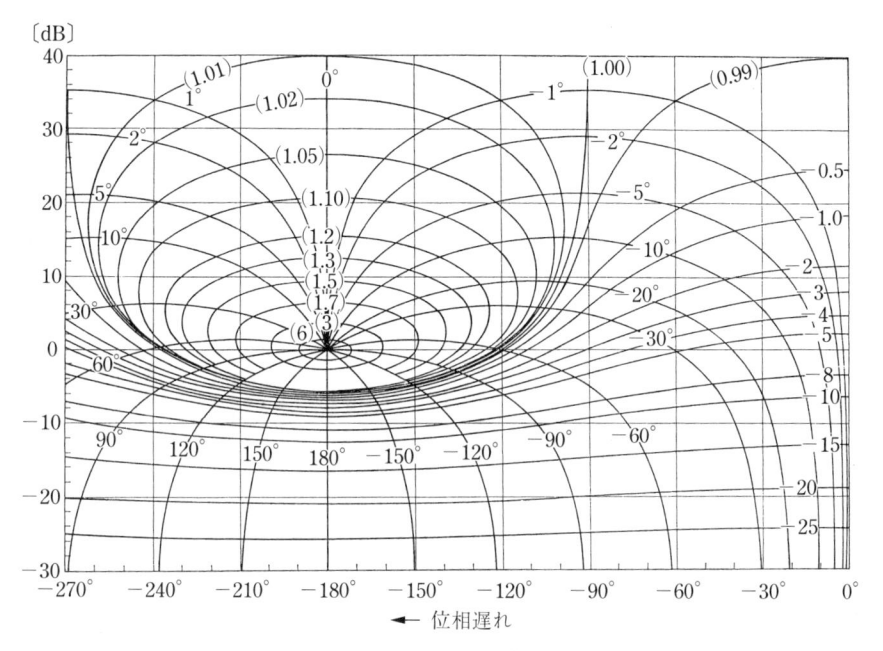

図 **6.19** ニコルス線図[2]

$$\alpha = \tan^{-1} \frac{-\sin\phi}{|G(j\omega)| + \cos\phi} \tag{6.46}$$

となる。ここで，式(6.45)においてMを一定値とした場合，位相ϕの変化に対する$|G|$の値が求まり，**図6.19**に示すこの線図を描くことができる。Mを変更することにより，同様の曲線が得られる。また，式(6.46)において位相αを一定値とした場合も，位相ϕの変化に対する$|G|$の値が求まり，同様の線図を描くことができる。この曲線群を発明者ニコルス(Nichols)の名をとり，**ニコルス線図**(Nichols chart)という。

6.6　ニコルス線図の使用法

ニコルス線図は，開回路特性が

$$\frac{X(j\omega)}{E(j\omega)} = G(j\omega) = |G(j\omega)|e^{-j\phi} \tag{6.47}$$

で与えられている場合

$$M(j\omega) = \frac{X(j\omega)}{V(j\omega)} = \frac{G(j\omega)}{1+G(j\omega)} = |M(j\omega)|e^{-j\alpha} \tag{6.48}$$

を図解的に求める場合に使用する。

　例えば，開回路$G(j\omega)$の$\omega=1$の場合のゲイン$|G(j\omega)|=10\,\mathrm{dB}$，$\angle G(j\omega)=\phi=-90°$とすると，位相$\phi$は横軸$-90°$，ゲイン$|G(j\omega)|$は縦軸の$10\,\mathrm{dB}$との交点Pである。この点の値を曲線群から読み取れば，フィードバック回路でのゲイン，位相となる。点Pの場合，ゲインMの値がほぼ$-0.5\,\mathrm{dB}$の曲線上であることから$M\fallingdotseq-0.5\,\mathrm{dB}$，位相$\alpha$は$-10°$と$-20°$の曲線の間にあり，比例配分により約$-18°$と読める(**図6.20**)。

　すなわち，開回路において$\omega=1$のとき，ゲイン$|G(j\omega)|=10\,\mathrm{dB}$，位相ずれ$-90°$である特性を，フィードバック回路にすると，ゲイン$|M(j\omega)|=-0.5\,\mathrm{dB}$，位相遅れ$-18°$になることがわかる。

　さらに，ωの値を変更することで，フィードバック回路での周波数特性が得られることになる。

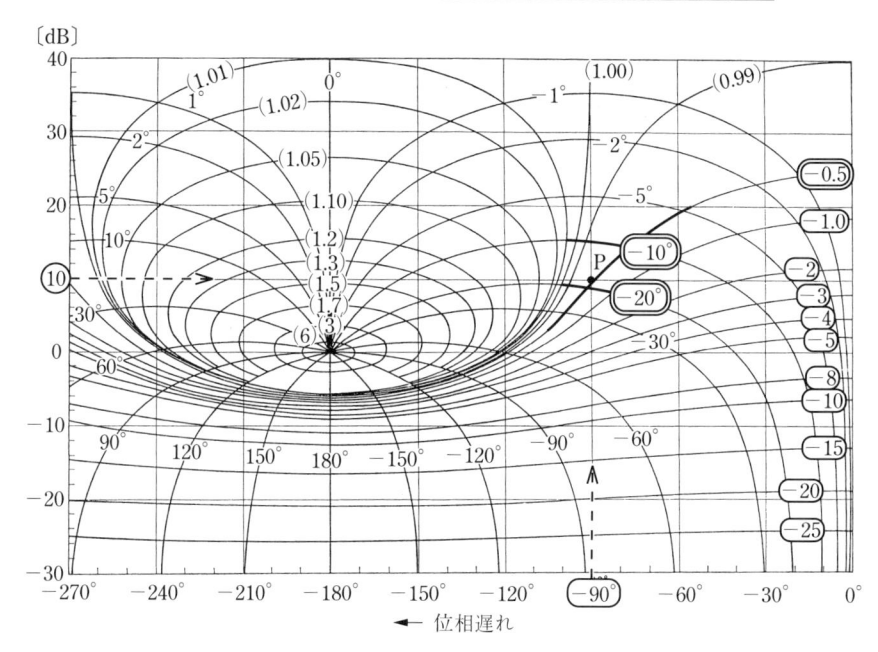

6.6 ニコルス線図の使用法

図 6.20 ニコルス線図の例

例題 6.1 図 6.21 に示すフィードバック制御回路で，一巡伝達関数（開回路伝達関数）の周波数特性を求めてみよう。ただし，$K=1$ とする。このとき得られた周波数特性をニコルス線図上にプロットし，フィーバック回路とした場合のゲインの最大値 M_p とその場合の ω を求めてみよう。つぎに，$M_p = 1.5$ になるようにゲイン定数 K の値を決定してみよう。

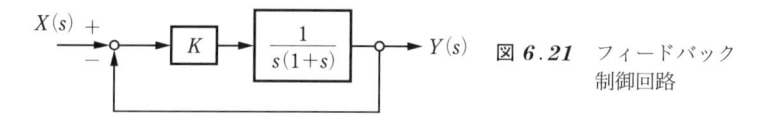

図 6.21 フィードバック制御回路

【解答】 一巡伝達関数 $G(s) = \dfrac{K}{s} \cdot \dfrac{1}{1+s}$ となり，積分要素と一次遅れ要素の直列結合であることから，容易に周波数特性は得られ，各 ω についての値は**表 6.3** のように求められる。

86   6. 周波数応答

表 6.3 周波数特性

ω	ゲイン〔dB〕	位相〔deg〕	ω	ゲイン〔dB〕	位相〔deg〕
0.01	40	−90.6	0.8	−0.21	−128.7
0.05	26	−92.8	0.9	−1.7	−131.9
0.1	20	−95.7	1	−3	−135.0
0.2	14	−101.3	2	−13	−153.4
0.3	10	−106.7	3	−19.5	−161.6
0.5	5.1	−116.6	5	−28.1	−168.7
0.7	1.4	−125.0	10	−40	−174.3

周波数伝達関数： $G(j\omega) = \dfrac{1}{j\omega} \cdot \dfrac{1}{1+j\omega}$

ゲイン： $|G(j\omega)| = \dfrac{1}{\omega} \cdot \dfrac{1}{\sqrt{1+\omega^2}}$ ，位相： $\angle G(j\omega) = -90° - \tan^{-1}(\omega)$

これらのデータをニコルス線図上にプロットすると，図 6.22 の A_1 の曲線となる。A_1 の曲線は M_p としては，$\omega=0.7$ あたりで，1.10 を少し越えることから，$M_p=1.15$ 程度であることがわかる。

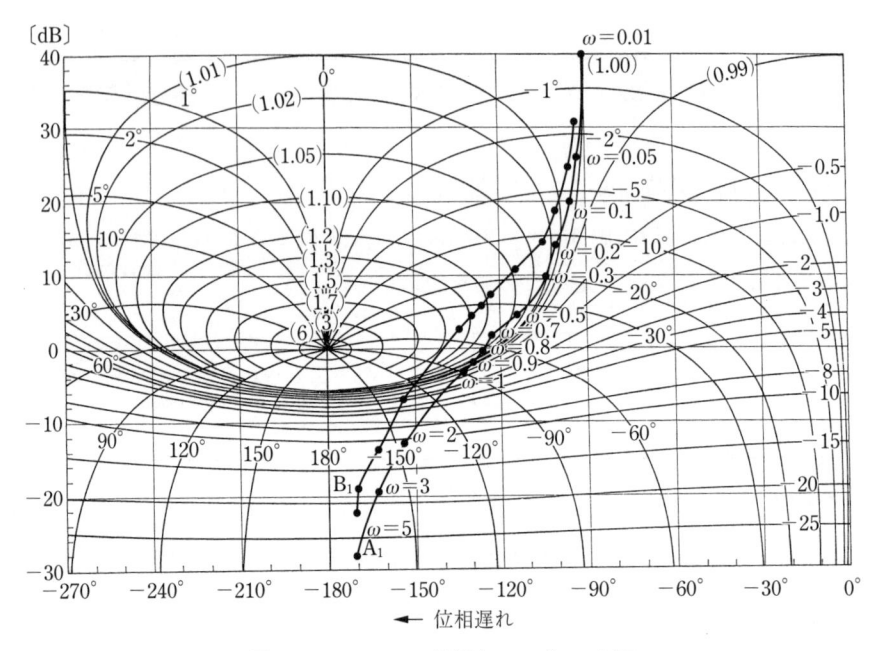

図 6.22 ニコルス線図上へのプロット図

つぎに，$M_p=1.5$ にするためには，A_1 の曲線を $M=1.5$ の曲線に接するまで平行移動（ゲインのみ変化）させると B_1 の曲線が得られる。このときの平行移動量は 6 dB（数値では 2）程度であることから，ゲイン定数 $K=2$ にすればよいことになる。

◇

例題 6.2 例題 6.1 で求めた曲線 A_1 と B_1 から閉回路周波数特性をニコルス線図から読み，ボード線図を描き，フィードバック回路の特性の変化を述べてみよう。

【解答】 図 6.22 の曲線 A_1 と B_1 上のプロット点での各 ω について，閉回路のゲイン曲線群，位相曲線群の値から読み取り，ボード線図（図 6.23）にプロットすると，A_2-A_3，B_2-B_3 の周波数特性が得られる。このように，ニコルス線図上で特性改善等が行えることがわかる。カットオフ周波数，最大ゲイン等の変化は，読者自身で試みること。

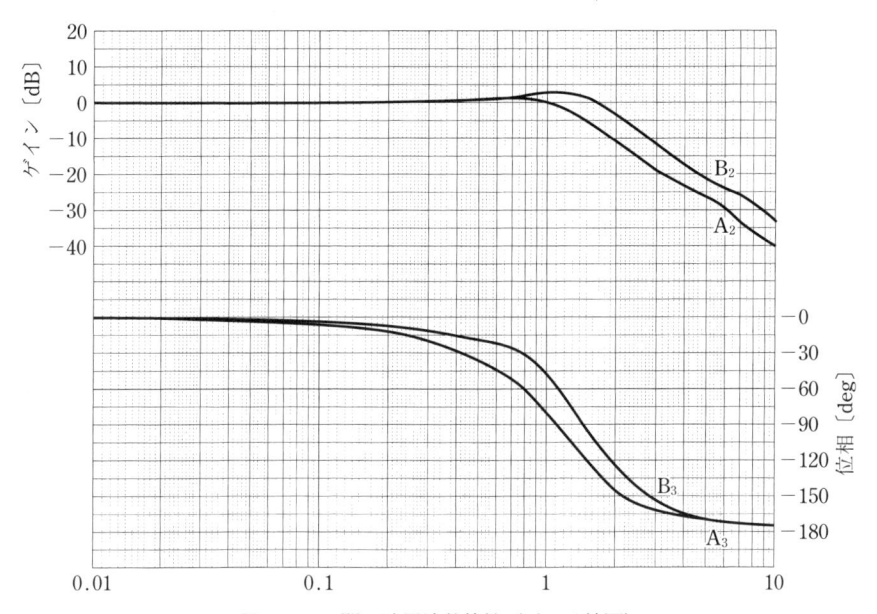

図 6.23 閉回路周波数特性（ボード線図）

◇

演 習 問 題

【1】 以下の伝達関数で示される系の周波数特性をベクトル軌跡ならびにボード線図で表し，それぞれの特性の概略を述べよ．

(1) $G(s) = \dfrac{5}{1+0.2s}$

(2) $G(s) = \dfrac{5}{1+0.2s} e^{-0.1s}$

(3) $G(s) = \dfrac{10}{s(1+0.2s)}$

(4) $G(s) = \dfrac{10(1+0.01s)}{1+0.2s}$

(5) $G(s) = \dfrac{15}{s(1+0.2s)(1+0.5s)}$

(6) $G(s) = \dfrac{15}{s(1+0.2s)(1+0.5s)} e^{-0.8s}$

【2】 【1】の(1)，(3)の伝達関数（一巡伝達関数）を直結フィードバック制御した場合の周波数特性をボード線図で表し，それぞれの特性の概略を述べよ．

7

フィードバック制御の安定性

これまで自動制御の基本はフィードバック制御であることを述べてきた。一方，フィードバック回路においては，制御をしているつもりが，結果的には応答が悪くなることがある。なぜ，結果的に応答が悪くなるかを考えよう。

7.1　フィードバック制御の出力

一般的なフィードバック制御を書いたブロック線図を図 7.1 に示す。図において，加え合わせ点にフィードバックしてきた値をマイナスで加え合わせる（これを**ネガティブフィードバック**（negative feedback）と呼ぶ）ことから，操作量は目標値と現在値との差（**制御偏差**）によって決まる。ある時刻 t_1 における各値と制御後 t_2 の様子を模式的に表すと図 7.2 となる。

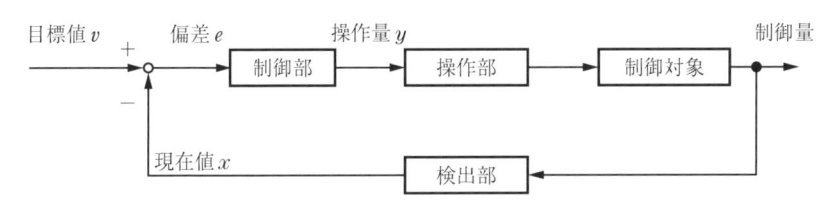

図 7.1　一般的なフィードバック制御のブロック線図

図 7.2 において，t_1 時点では，偏差量は同じであるが，図（b）のように操作量が大きすぎると，その結果として t_2 時点では偏差の符号がマイナスとなり，また，大きな操作量となることから制御量は変動し，偏差が増大されることがある。このように制御しているつもりが，逆に徐々に目標から離れる

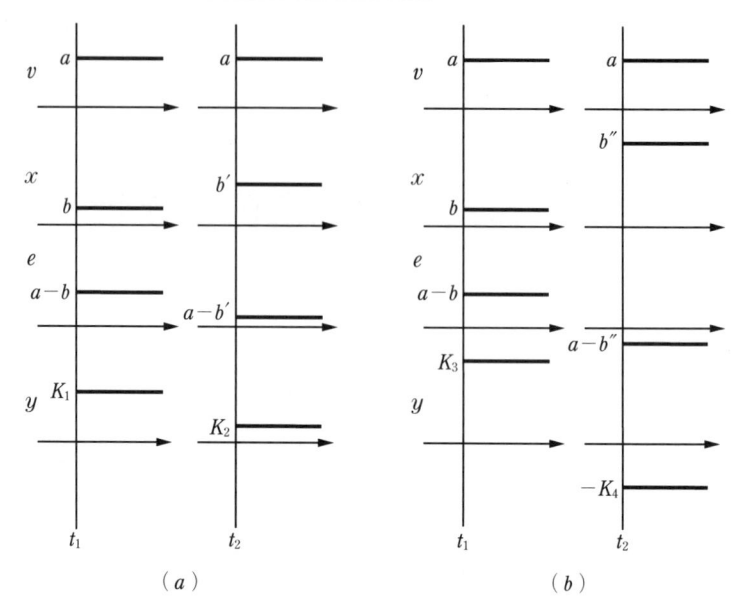

図 7.2　フィードバック制御の適正，不適正による偏差の差異

（これを不安定という）ということが条件によって生じる．このことから，制御を行う場合，安定性はまず第一に考えなければならない重要な点である．

7.2　制御系の特性方程式

図 3.10 に示した水位制御において，比例要素 $K_1=K_2=K_3=1$ とし，むだ時間のない二連水槽（二次遅れ要素）の制御対象を積分制御する例（図 7.3）を用い，目標値がステップ状に変化した場合の応答から安定性を考えてみよう．

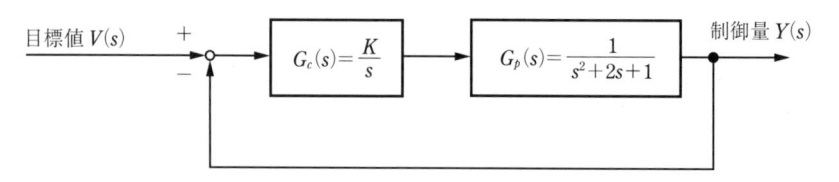

図 7.3　二連水槽の水位の積分制御

この制御系の伝達関数 $G(s)$ は

$$\frac{Y(s)}{V(s)} = G(s) = \frac{G_0(s)}{1+G_0(s)} \quad (G_0(s):\text{一巡伝達関数})$$

$$= \frac{\dfrac{K}{s} \cdot \dfrac{1}{s^2+2s+1}}{1+\dfrac{K}{s} \cdot \dfrac{1}{s^2+2s+1}} = \frac{K}{s(s^2+2s+1)+K} \quad (7.1)$$

ステップ応答は,制御量 $Y(s)$ を逆ラプラス変換することにより

$$Y(s) = G(s)V(s) = \frac{K}{s(s^2+2s+1)+K} \cdot \frac{1}{s}$$

$$y(t) = \mathcal{L}^{-1}[Y(s)] = \mathcal{L}^{-1}\left[\frac{K}{s(s^2+2s+1)+K} \cdot \frac{1}{s}\right]$$

$$= \mathcal{L}^{-1}\left[\frac{K_0}{s}+\frac{K_1}{s-s_1}+\frac{K_2}{s-s_2}+\frac{K_3}{s-s_3}\right]$$

$$= K_0 + K_1 e^{s_1 t} + K_2 e^{s_2 t} + K_3 e^{s_3 t} \quad (7.2)$$

となり,K_0, K_1, K_2, K_3 は定数であり,$Y(s)$ の極($Y(s)$ の分母$=0$ の根)s_1, s_2, s_3 の値によって,応答の状況が変わることがわかる.すなわち,$s(s^2+2s+1)+K=0$ の根が重要であり,この式は式 (7.1) より

$$1+(\text{一巡伝達関数}) = 1+G_0(s) = 0 \quad (7.3)$$

の根である.このことから,式 (7.3) を特性が決まる方程式との意味で**制御系の特性方程式**(characteristic equation)といい,この根を**特性根**という.

7.3 特性根と応答の関係

それでは,実際にゲイン K が変わった場合の特性根と応答の関係を調べてみよう.

1) $K=1.152$ の場合,特性方程式は

$$s^3+2s^2+s+1.152=0$$

$$(s+1.8)(s^2+0.2s+0.64)=0$$

となり，$s_1 = -1.8$, $s_2, s_3 = -0.1 \pm j0.79$ である。

$$y(t) = K_0 + K_1 e^{-1.8t} + K_2 e^{(-0.1+j0.79)t} + K_3 e^{(-0.1-j0.79)t}$$
$$= 1 - 0.182 e^{-1.8t} - 0.97 e^{-0.1t} \sin(0.79t + 57.6°) \qquad (7.4)$$

2） $K=2$ の場合，特性方程式は

$$s^3 + 2s^2 + s + 2 = 0$$
$$(s+2)(s^2+1) = 0$$

となり，$s_1 = -2$, $s_2, s_3 = \pm j$ である。

$$y(t) = K_0 + K_1 e^{-2t} + K_2 e^{jt} + K_3 e^{-jt}$$
$$= 1 - 0.2 e^{-2t} - 0.89 \sin(t + 63.4°) \qquad (7.5)$$

3） $K=12$ の場合，特性方程式は

$$s^3 + 2s^2 + s + 12 = 0$$
$$(s+3)(s^2-s+4) = 0$$

となり，$s_1 = -3$, $s_2, s_3 = 0.5 \pm j1.94$ である。

$$y(t) = K_0 + K_1 e^{-3t} + K_2 e^{0.5+j1.94t} + K_3 e^{0.5-j1.94t}$$
$$= 1 - 0.25 e^{-3t} - 0.77 e^{0.5t} \sin(1.94t + 75.4°) \qquad (7.6)$$

このようにゲイン K の値によりステップ応答は，式（7.4），（7.5），（7.6）となり，概略図で表すと図 **7.4** のそれぞれ（a），（b），（c）となる。

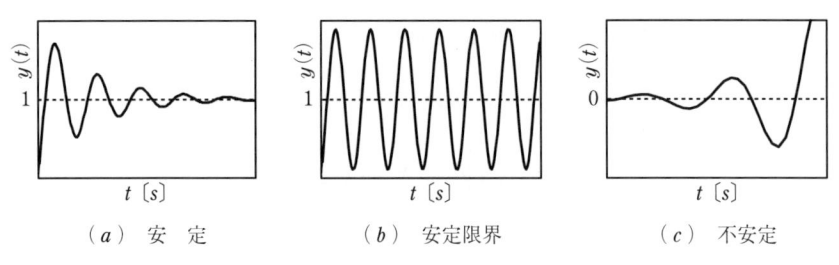

　　　　（a）安　定　　　　　　（b）安定限界　　　　　（c）不安定

図 **7.4** 二連水槽の水位のステップ応答の概略

図（a）は，減衰振動系となり，目標値に収束するが，図（b）は，一定振幅の振動が続くことになる。さらに，図（c）では，振動振幅がどんどん大きくなり発散し，目標値にはならず，水があふれてしまうことになる。

図（a）のように目標値に収束するのを，この制御系は**安定**（stable）であ

るといい，図（b）の場合には，収束はしないが，発散もしないことから，**安定限界**（stability limit）と呼ぶ．そして図（c）のように発散してしまう制御系は**不安定**（unstable）という．それぞれの特性根と応答の関係には，式（7.4），（7.5），（7.6）から一定の法則があることに気が付くであろう．これをまとめると**表 7.1** になる．

表 7.1 特性根と応答

特　性　根	安定性
図（a）の場合：すべての根が負の実数をもつ	安定
図（b）の場合：実数部がゼロの根をもつ	安定限界
図（c）の場合：一つ以上が正の実数の根をもつ	不安定

以上のように，制御系の特性方程式の根の状態によって，安定，不安定や応答の様子がわかることになる．

7.4 根軌跡法により応答を知る

前節で調べたように，制御系の特性方程式の根（特性根）が重要であることがわかった．しかしながら，この特性根を求めることは，一般的には非常に大変である．そこで，直接，根を求めず，特性根の軌跡を描く方法が研究された．それが**根軌跡法**（root locus）と呼ばれるものである．根軌跡とは，制御

コーヒーブレイク

安定性，初心者の運転

制御系においては，安定，不安定の問題は，最も重要である．この不安定現象とは，自動車の運転において，初心者が蛇行運転をしてコースを外れてしまうのと同じである．すなわち，例えば，右に自動車が行き過ぎたと感じたとき，左にハンドルを切るわけであるが，どうしてもあわてて切り過ぎてしまうことが多く見られる．そしてこれを繰り返すので脱輪してしまう結果となる．このようなことが制御でも起こってしまうのが，不安定現象であり，決して起こしてはならないことから，安定性の問題は最重要である．

系におけるゲイン K が $0\sim\infty$ まで変化したときの特性根の軌跡である。

まず，直接，特性根を求めての根軌跡を描いてみよう。図 **7.3** に示した水位制御において，制御対象を一つの水槽とした場合，ゲイン K の変化に対して，特性根の変化の軌跡を求める。水位制御のブロック線図を図 **7.5** に示す。このブロック線図は一次遅れ要素の水槽を積分制御している例である。

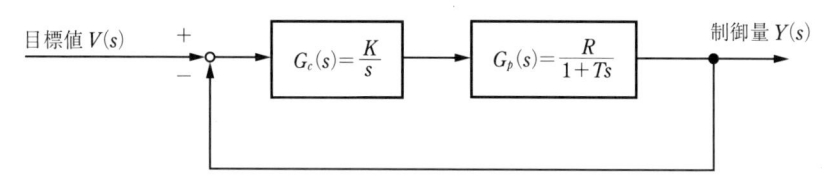

```
目標値 V(s) → + → [ G_c(s) = K/s ] → [ G_p(s) = R/(1+Ts) ] → 制御量 Y(s)
              −↑_____|
```

図 **7.5** 水位の積分制御のブロック線図

この制御系の特性方程式は

$$1 + \frac{KR}{s(1+Ts)} = 0 \tag{7.7}$$

ただし，$R=1$，時定数 $T=0.5$〔s〕，K：ゲイン（$0\sim\infty$）とする。よって，特性方程式は

$$1 + \frac{K}{s(1+0.5s)} = 0$$

となり，$s^2+2s+2K=0$ の根は，$s_1, s_2 = -1 \pm \sqrt{1-2K}$ となる。

ここで，K の値により

1) $K=0$ の場合，$s_1, s_2 = 0, -2$
2) $0 < K < 1/2$ の場合，$s_1, s_2 = -1 \pm \sqrt{1-2K}$ （負の実数の根）
3) $K = 1/2$ の場合，$s_1, s_2 = -1$ （負の実数の重根）
4) $K > 1/2$ の場合，$s_1, s_2 = -1 \pm j\sqrt{2K-1}$ （負の実数と共役複素数の根）

となる。

すなわち，特性根は $K=0$ の場合，$0, -2$ にあり，$0 < K < 1/2$ の場合は -2 と 0 の間の実数，$K=1/2$ の場合，-1 で重なり，$K > 1/2$ では，実数部は -1 で一定であるものの K が大きくなるにつれ虚数部が大きくなることがわかる。この軌跡を描くと図 **7.6** に示す根軌跡となる。この根軌跡から，ステップ応

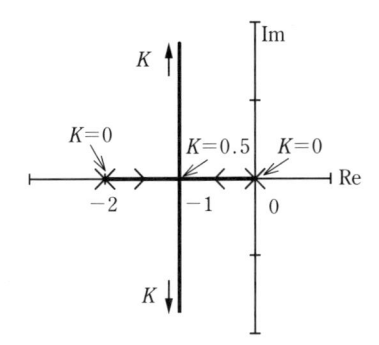

図 7.6 　$1+\dfrac{K}{s(1+0.5s)}$ の根軌跡

答は特性根がつねに負の実数をもつことから，K の値にかかわらず安定であり，$K>1/2$ では，減衰振動系になることなどがわかる．

7.5　根軌跡の基礎条件

つぎに，特性根を直接求めることなく，根軌跡を描く方法について述べる．特性根は，特性方程式の $1+$(一巡伝達関数)$=0$ の根である．これを変形すると，一巡伝達関数$=-1$ であることから，一巡伝達関数を $G_0(s)$ と置くと，$G_0(s)=-1$ を満足する s の軌跡を描けばよいことになる．

複素平面上，図 7.7 に示すように，方向が π，あるいは $-\pi$ で長さが 1 の点である．このことから，$G_0(s)$ は長さ(絶対値)が 1，方向(偏角)$=\pi$ の二つの条件を満足する点をつなげばよいことになる．

$$\text{絶対値条件}：|G_0(s)|=1 \tag{7.8}$$

$$\text{偏角条件}：\angle G_0(s)=-\pi\pm 2l\pi \quad (l=0,\ 1,\ 2,\ \cdots) \tag{7.9}$$

一巡伝達関数 $G_0(s)$ は一般的には多項式の比で表され，次式となる．

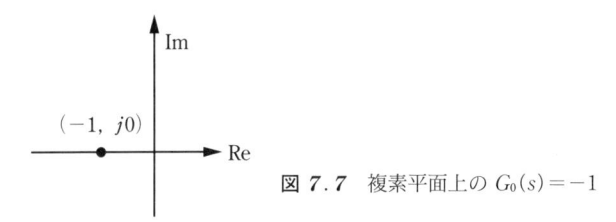

図 7.7 　複素平面上の $G_0(s)=-1$

7. フィードバック制御の安定性

$$G_0(s) = \frac{Kq(s)}{p(s)} = \frac{K(b_0 s^m + b_1 s^{m-1} + \cdots + b_m)}{a_0 s^n + a_1 s^{n-1} + \cdots + a_n} \quad (n \geqq m) \quad (7.10)$$

ここで，分子 $q(s)=0$ の根を**零点** (zero point) と呼び，z_1, …, z_m とする。分母 $p(s)=0$ の根を**極** (pole) と呼び，p_1, …, p_n とすると，一巡伝達関数は

$$G_0(s) = \frac{Kq(s)}{p(s)} = \frac{K(s-z_1)(s-z_2)\cdots(s-z_m)}{(s-p_1)(s-p_2)\cdots(s-p_n)} \quad (7.11)$$

で表すことができる。ここで，$(s-p_1)$ などは，複素平面上の点 s の値により，絶対値と偏角が決まる。例えば，$s=-1+j4$，$p_1=-4$ とすると

$$(s-p_1) = 3 + j4 = 5e^{j53}$$

と表される（図 7.8）。

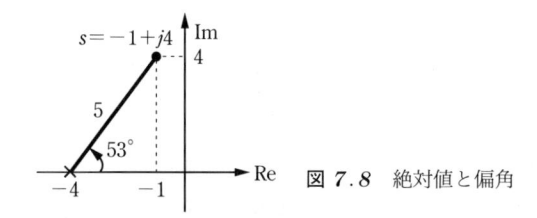

図 7.8 絶対値と偏角

ゆえに，式 (7.11) は，次式となる。

$$G_0(s) = \frac{Kq(s)}{p(s)} = \frac{K \cdot M_1 e^{j\phi_1} \cdots M_m e^{j\phi_m}}{R_1 e^{j\phi_1} \cdots R_n e^{j\phi_n}}$$

$$= \frac{K \cdot M_1 \cdots M_m}{R_1 \cdots R_n} e^{j\{(\phi_1 + \cdots + \phi_m) - (\phi_1 + \cdots + \phi_n)\}} \quad (7.12)$$

となる。ただし，零点に対する絶対値を M，偏角を ϕ，極に対する絶対値を R，偏角を ϕ とする。根軌跡上の点は式 (7.8)，(7.9) を満足しなければならない。ゆえに

絶対値条件：$|G_0(s)| = \dfrac{K \cdot M_1 \cdots M_m}{R_1 \cdots R_n} = 1 \quad (7.13)$

偏 角 条 件：$\angle G_0(s) = (\phi_1 + \cdots + \phi_m) - (\phi_1 + \cdots + \phi_n) = \pi \pm 2l\pi$

$$(l = 0, 1, 2, \cdots) \quad (7.14)$$

の二式を満足している点の軌跡となる。式 (7.13)，(7.14) の両式を満足する点を求めることは大変であるが，特性方程式から導かれる性質から容易に

根軌跡を描くことができる.

7.6 根軌跡の便利な性質

制御系の特性方程式は

$$1+(一巡伝達関数)=1+G_0(s)=1+K\frac{q(s)}{p(s)}=0 \qquad (7.15)$$

分子 $q(s)$：m 次の多項式，$q(s)=0$ の根は零点

分母 $p(s)$：n 次の多項式，$p(s)=0$ の根は極，$n \geq m$

で表される（以下の説明において，複素平面上で，零点は○印，極は×印で表示する）．この特性方程式には，以下のような性質がある．

1) 根軌跡の本数：n 本（極の数と同じ）

証明）式（7.15）より，$p(s)+Kq(s)=0$ は n 次方程式となり，根は n 個あることから，根軌跡も n 本となる．

2) 根軌跡は実軸に対称：複素数は必ず共役複素数

証明）複素数は解の公式により，$s_1, s_2 = \dfrac{-b \pm \sqrt{b^2-4ac}}{2a}$ の $\sqrt{}$ の中が負になることにより生じることから，必ず共役複素数となり，根軌跡は実軸に対して対称形となる．

3) 根軌跡（$K=0 \sim \infty$）は極が出発点（$K=0$），零点が終点（$K=\infty$）

証明）式（7.15）より，$p(s)+Kq(s)=0$

$K=0$（出発点）　$p(s)=0$ を満足する点 s は極である．

$K=\infty$（終点）　$p(s)/K+q(s)=0$ より，$q(s)=0$ を満足する s は零点である．

ゆえに，根軌跡は，出発点は極，終点は零点となる．

4) $(n-m)$ 本の根軌跡は無限遠に至る

証明）$1/K+q(s)/p(s)=0$ において，$K \to \infty$ とすると，$q(s)/p(s)=0$ は $n \geq m$ であることから，s を ∞ にすることで達成できることになる．ゆえに，無限遠の s の値となる．

5) 無限遠に至る場合の漸近線の方向 α

$$\alpha = \frac{\pi \pm 2l\pi}{n-m} \quad (l=0,1,2,\cdots) \tag{7.16}$$

証明) 根軌跡が無限遠に至る場合，無限遠上の点と極や零点に対する偏角 α は同じとみなすことができる。ゆえに，根軌跡上の点は偏角条件を満足する。例えば，極が $n=3$，零点 $m=1$ の場合（**図7.9**），偏角条件は

$$\psi_1 - (\phi_1 + \phi_2 + \phi_3) = \pi \pm 2l\pi$$

となる。ここで，$\psi_1 = \phi_1 = \phi_2 = \phi_3 = \alpha$ であることから，$\alpha(n-m) = \pi \pm 2l\pi$ より，式（7.16）が成立する。

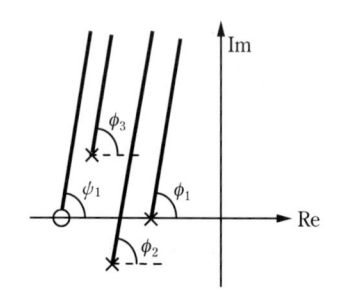

図7.9 無限遠との偏角

6) 無限遠に至る場合の漸近線が実軸と交わる点 β

$$\beta = \frac{(極の値の和) - (零点の値の和)}{n-m} \tag{7.17}$$

証明) ここでは省略し，結果のみを示す。

7) 実軸上での根軌跡の有無：右側の極と零点の数の総和が奇数であれば，存在する。

証明) **図7.10**の例で考えよう。図の点 s について，まず，共役複素極 p_2，p_3 との偏角は ϕ_2，ϕ_3 であり，$\phi_2 + \phi_3 = 2\pi = 0$ であることから，偏角条件に影響しない。つまり，実軸上にない極や零点は考慮する必要はないことになる。つぎに，点 s の左側の極や零点に対する偏角は 0 であることから，これも考慮する必要はない。さらに，右側にある極や零点に対する偏角は π であることから，偏角条件を満足するのは，右側にある極や零点により決まる。すなわち，極と零点の数の総和が

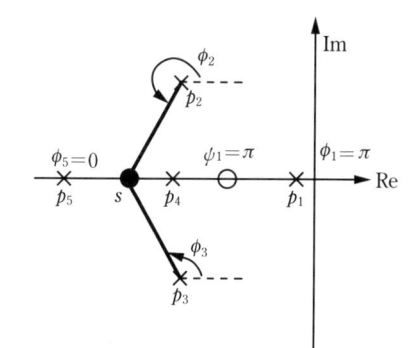

7.6 根軌跡の便利な性質

図 7.10 実軸上での根軌跡の有無

奇数の場合，根軌跡は存在する。

8) 根軌跡が実軸から分かれる点（分裂点）あるいは合流する点（合流点）

証明） 図 **7.11** の例で考えよう。まず，実軸上の存在は，性質 7 ）から右側に奇数個であることから

$s=0$ と -5 の間

$s=-\infty \sim -10$

の間に根軌跡は存在する。さらに，出発点と終点の関係から

$s=0 \sim -5$ で分裂

$s=-\infty \sim -10$

で合流することになる。分裂点を $-x$ とし，その真上の微小距離 ε の点 s は偏角条件を満足する。

ゆえに，偏角条件 $\psi_1 - (\phi_1 + \phi_2) = \pi$ を満足する。ε は微小であるから

$$\phi_1 \fallingdotseq \tan \phi_1 = \frac{\varepsilon}{10-x}$$

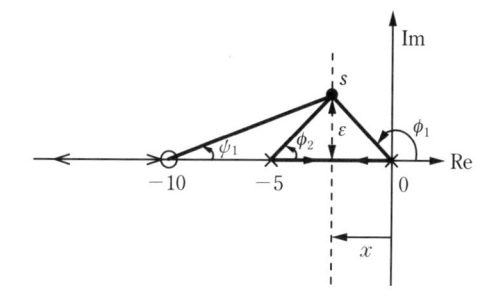

図 7.11 分裂点と合流点

と表すことができる。同様に

$$\phi_1 = \pi - \frac{\varepsilon}{x}, \quad \phi_2 = \frac{\varepsilon}{5-x}$$

である。ゆえに

$$\frac{\varepsilon}{10-x} - \left\{\left(\pi - \frac{\varepsilon}{x}\right) + \left(\frac{\varepsilon}{5-x}\right)\right\} = -\pi$$

より，次式となる。

$$\frac{1}{10-x} + \frac{1}{x} = \frac{1}{5-x}$$

これを解くと，$x = 2.93$，17.07 であるが，存在範囲により $s = -2.93$ で分裂する。同様にすれば，合流点についても求めることができる。

9) 根軌跡の虚軸との交点（安定限界点）

根軌跡が複素平面上で右半面（正の領域）に入ると，制御系は不安定になることから重要な点である。それゆえ，8章で証明するフルビッツやラウスの安定判別法により，安定限界のゲイン K を求め，虚軸との交点を求める必要がある。

7.7 根軌跡の利用法

図 **7.12** のブロック線図で示される制御系の根軌跡を描き，ゲイン K の値による制御性を考察しよう。

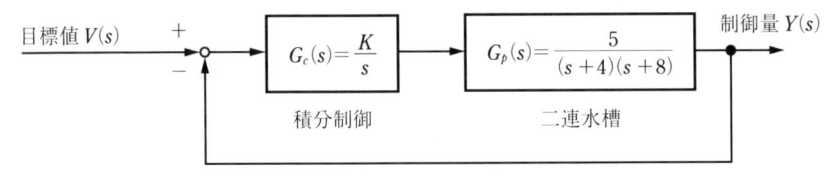

図 **7.12** 二連水槽の水位の積分制御

一巡伝達関数は，$G_0(s) = \dfrac{K}{s} \cdot \dfrac{5}{(s+4)(s+8)}$ となる。
ここで，根軌跡の性質を考えると，以下の1）〜6）がある。

1) 極 $s=0, -4, -8$,零点はないことから,根軌跡の本数は3本である。零点はないことから,3本とも無限遠に至る。

2) 無限遠に至る漸近線の角度 α は次式となる。

$$\alpha = \frac{\pi \pm 2l\pi}{n-m} = \frac{\pi \pm 2l\pi}{3} = \begin{cases} l=0 & \alpha=\frac{\pi}{3} \\ l=1 & \alpha=\pi \\ l=2 & \alpha=\frac{5}{3}\pi \end{cases}$$

実軸との交点 β は,次式となる。

$$\beta = \frac{(\text{極の値の和})-(\text{零点の値の和})}{n-m} = \frac{(0-4-8)-0}{3-0} = -4$$

すなわち,図 **7.13** に示すような配置になっている。

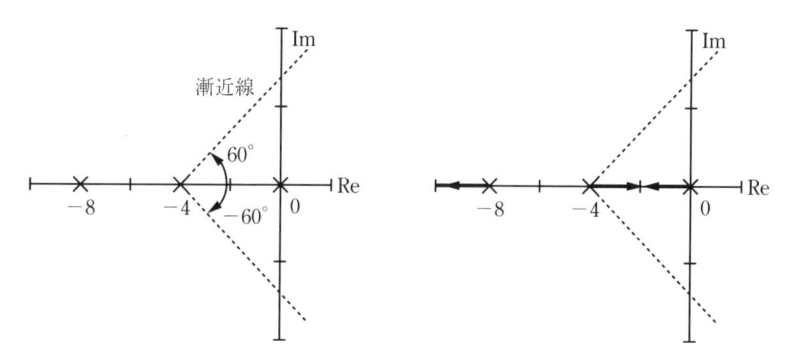

図 **7.13** 極配置と漸近線　　図 **7.14** 実軸上での根軌跡の有無

3) 実軸上での根軌跡の有無を調べると,図 **7.14** に示すように $0>s>-4$, $-8>s$ の区間に存在し,極が出発点であることから,根軌跡の概略は容易にわかる。すなわち,極 $s=0$ と $s=-4$ からの根軌跡はどこかでぶつかり,分裂し,漸近線の方向へ進み,極 $s=-8$ からの根軌跡は $-\pi$ 方向に進む。

4) 分裂点を求めると,$s=0$ から -4 の間に x をとることにより次式が成立する。

$$\left\{\left(\pi-\frac{\varepsilon}{x}\right)+\left(\frac{\varepsilon}{4-x}\right)+\left(\frac{\varepsilon}{8-x}\right)\right\}=\pi$$

上式より

$$3x^2-24x+32=0$$

となり，$x=1.7, 6.3$ が導かれる．ゆえに，分裂点は $s=-1.7$ となる．

5) 虚軸との交点を求める．この制御系の特性方程式は次式となる．

$$1+\frac{5K}{s(s+4)(s+8)}=0$$

上式より

$$s^3+12s^2+32s+5K=0$$

となり，安定限界での K は 76.8 となる．よって

$$s^3+12s^2+32s+384=0$$

となり

$$(s+12)(s^2+32)=0$$

から $s=-12, \pm j5.66$ が導かれる．ゆえに，虚軸との交点は $s=+j5.66$，$-j5.66$ となる．

6) 分裂点 $s=-1.7$ でのゲイン K の値を求める．

根軌跡上の点は絶対値条件を満足することから，次式が成立する．

$$\left|\frac{5K}{s(s+4)(s+8)}\right|_{s=-1.7}=1$$

ゆえに，分裂点でのゲイン $K=4.93$ となる．

以上の条件より，根軌跡を描くと**図 7.15** となる．

ゲイン定数 K の値を 1)〜4) のように変更することで，水槽の水位の変化がわかる．

1) $0<K\leq4.93$ では，特性根 s_1, s_2, s_3 はすべて負の実数であることから，目標値を新しい値にステップ状に変えた場合，水位 $y(t)$ は**図 7.16** のように指数関数的応答となる．

2) $4.93<K<76.8$ では，特性根 s_1, s_2, s_3 は，それぞれ $-12<s_1<-8$，$s_2, s_3=\alpha\pm j\beta$，$-1.7<\alpha<0$，$0<\beta<5.6$ である．s_2, s_3 は負の実数と共役複

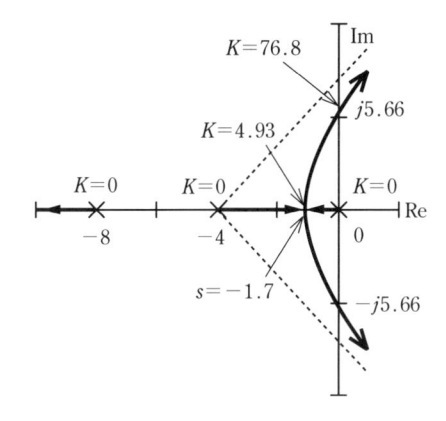

図 **7.15** $\dfrac{5K}{s(s+4)(s+8)}$ の根軌跡

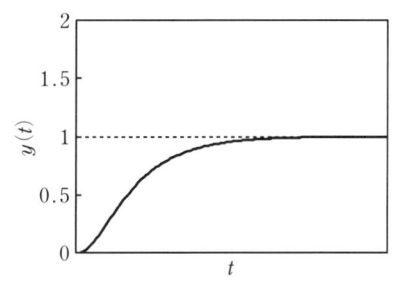

図 **7.16** ステップ応答 ($0<K\leqq 4.93$)

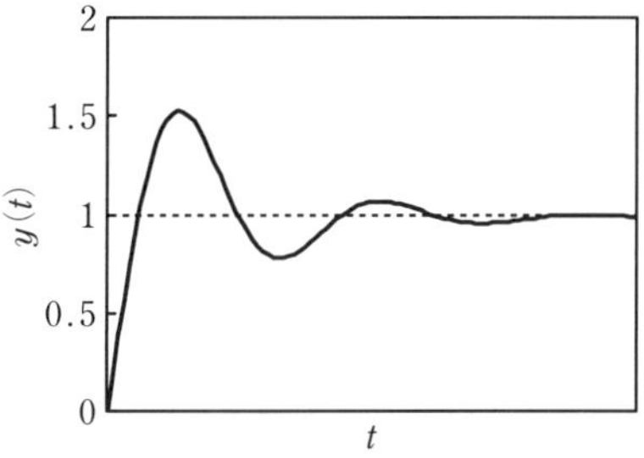

図 **7.17** ステップ応答 ($4.93<K<76.8$)

素数であることから，応答は減衰振動形になる。水位 $y(t)$ の振幅は図 **7.17** のように指数関数的に減衰し，定常値となる。

3) $K=76.8$ では，特性根 s_1, s_2, s_3 は，$s_1=-12$, s_2, $s_3=\pm j5.66$ である。s_2, s_3 は実数部が 0 である共役複素数であることから，応答は図 **7.18** の

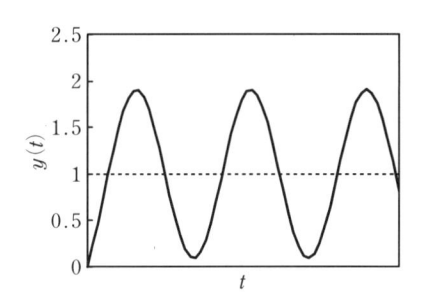

図 **7.18** ステップ応答 ($K=76.8$)

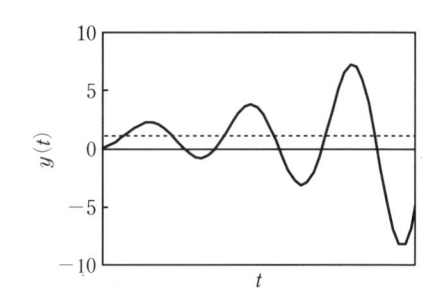

図 **7.19** ステップ応答 ($K>76.8$)

ように一定振幅の振動形になる。

4） $K>76.8$ では，特性根 s_1, s_2, s_3 は，$s_1<-12$, s_2, $s_3=\alpha\pm j\beta$, $0<\alpha$, $5.66<\beta$ である。s_2, s_3 は実数部が正の値である共役複素数であることから，応答は図 **7.19** のように振幅がしだいに大きくなり発散してしまい，やがて水槽から水があふれ出すこととなる。

以上のように，ゲイン K の値によって，応答の様子を根軌跡から知ることができ，根軌跡により制御系の設計に使用される。

演 習 問 題

【1】 図 **7.20** のブロック線図で示される制御系の特性方程式を求めよ。

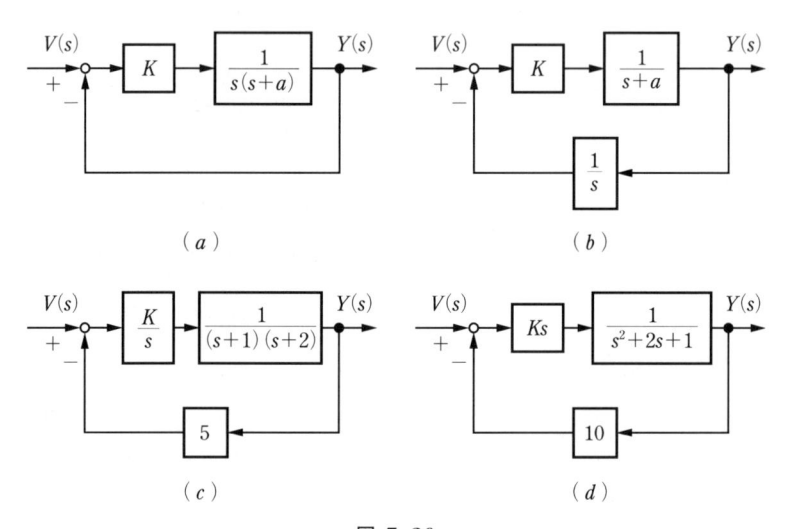

図 **7.20**

【2】 【1】の図 (a) において，a, K の値が以下のように決まった場合の特性根を求め，複素平面上に示し，そのときのステップ応答の概略図を示せ。
（1） $a=4$, $K=1, 2, 4, 6$
（2） $a=-2$, $K=1, 2, 4$

【3】 一巡伝達関数が以下のように表される系の根軌跡を描け。ただし，ゲイン定数 K，時定数 $T>0$ とする。

(1) $\dfrac{K}{1+Ts}$ (2) $\dfrac{K}{s(1+Ts)}$ (3) $\dfrac{K(1+T_1s)}{1+T_2s}$

(4) $\dfrac{K}{(1+T_1s)(1+T_2s)}$ (5) $\dfrac{K}{(1+Ts)^2}$

(6) $\dfrac{K}{s^2+2\zeta\omega_n s+\omega_n^2}$ $(0<\zeta<1)$

(7) $\dfrac{K(1+Ts)}{s^2+2\zeta\omega_n s+\omega_n^2}$ $(0<\zeta<1)$

(8) $\dfrac{K}{(1+Ts)(s^2+2\zeta\omega_n s+\omega_n^2)}$ $(0<\zeta<1)$

(9) $\dfrac{K(1+T_1s)}{(1+T_2s)(s^2+2\zeta\omega_n s+\omega_n^2)}$ $(0<\zeta<1)$

8

安定判別法

　制御系の安定性は特性方程式の根が一つでも正の実数をもつと不安定になることがわかった。つまり，複素平面上で左半面にすべての特性根があるかの判別をすればよいことになる。代表的な安定判別法として，フルビッツ（Hurwitz）とラウス（Routh）の方法，そして最も重要であるナイキスト（Nyquist）の方法がある。これらの方法の原理はやや高等な数学を使うことから証明は行わず，判定方法のみを述べる。

8.1 フルビッツの安定判別法

　制御系の特性方程式は，一般的には n 次の多項式として表される。

$$a_0 s^n + a_1 s^{n-1} + \cdots + a_{n-1} s + a_n = 0 \tag{8.1}$$

この方程式の根がすべて，複素平面上の左半面にあるための必要十分条件はつぎに示す3条件をすべて満足することである。

1) すべての係数が存在する。
2) すべての係数は同符号である。
3) つぎに示すフルビッツの行列式 $\varDelta_i$ がすべて正である。

フルビッツの行列式

$$\varDelta_i = \begin{vmatrix} a_1 & a_3 & a_5 & \cdots & a_{2i-1} \\ a_0 & a_2 & a_4 & \cdots & a_{2i-2} \\ 0 & a_1 & a_3 & \cdots & a_{2i-3} \\ 0 & a_0 & a_2 & \cdots & a_{2i-4} \\ \cdots & \cdots & \cdots & \cdots & \cdots \\ 0 & 0 & 0 & \cdots & a_i \end{vmatrix} \quad \begin{array}{l} (i=1, 2, \cdots, n-1) \\ n：特性方程式の次数 \end{array} \tag{8.2}$$

例えば，$n=4$ とすると，特性方程式は
$$a_0 s^4 + a_1 s^3 + a_2 s^2 + a_3 s + a_4 = 0 \qquad (8.3)$$
ここで，i の最大値は $n-1=3$ となる。

1），2）を満足し，つぎのフルビッツの行列式 Δ_2, Δ_3 を満足すればよいことになる。

$$\Delta_2 = \begin{vmatrix} a_1 & a_3 \\ a_0 & a_2 \end{vmatrix} = a_1 a_2 - a_0 a_3 > 0 \qquad (8.4)$$

$$\Delta_3 = \begin{vmatrix} a_1 & a_3 & 0 \\ a_0 & a_2 & a_4 \\ 0 & a_1 & a_3 \end{vmatrix} = a_1 a_2 a_3 - a_1^2 a_4 - a_0 a_3^2 > 0 \qquad (8.5)$$

n 次の次数が増えても，同様に行えばよい。

例題 8.1 図 8.1 に示した制御系のゲイン K に対する安定判別をせよ。

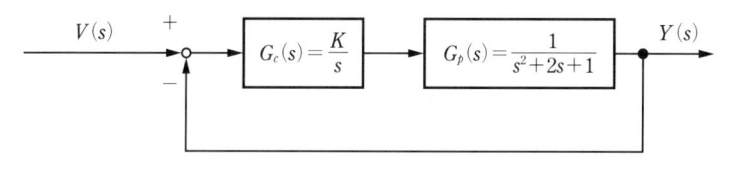

図 8.1

【解答】 この場合の特性方程式は
$$1 + (一巡伝達関数) = 1 + \frac{K}{s} \cdot \frac{1}{s^2+2s+1} = 0$$
となる。よって，$s^3 + 2s^2 + s + K = 0$ についてフルビッツの安定判別を行えばよい。
1) すべての係数は存在する。
2) すべての係数は同符号であることから，$K > 0$
3) $i = n - 1 = 2$ より
$$\Delta_2 = \begin{vmatrix} 2 & K \\ 1 & 1 \end{vmatrix} = 2 - K > 0$$
となる。ゆえに，$0 < K < 2$ の範囲であれば，この制御系は安定であることがわかる。また，$K=2$ で $\Delta_2 = 0$ となり，安定限界となる。これは，図 7.4 に示した結果と一致する。　◇

8.2 ラウスの安定判別法

制御系の特性方程式が4次の場合を例にラウスの判別法を述べる。

$$a_0 s^4 + a_1 s^3 + a_2 s^2 + a_3 s + a_4 = 0 \tag{8.6}$$

ここで，この方程式の根がすべて，複素平面上の左半面にあるための必要十分条件はフルビッツの安定判別法と同様につぎに示す3条件をすべて満足することである。

1) すべての係数は存在する（フルビッツの安定判別法の1）と同じである）。
2) 係数のすべては同符号である（フルビッツの安定判別法の2）と同じである）。
3) つぎに示すラウスの配列を作った場合，第1列の値がすべて同符号である。

ラウスの配列

$$\begin{array}{c|ccc} s^4 & a_0 & a_2 & a_4 \\ s^3 & a_1 & a_3 & 0 \\ s^2 & b_1 & b_3 & \\ s^1 & c_1 & c_3 & \\ s^0 & d_1 & & \end{array} \tag{8.7}$$

ここで，b_1, b_3, c_1, c_3, d_1 は以下のようになる。

$$b_1 = \frac{\begin{vmatrix} a_1 & a_3 \\ a_0 & a_2 \end{vmatrix}}{a_1} = \frac{a_1 a_2 - a_0 a_3}{a_1}, \quad b_3 = \frac{\begin{vmatrix} a_1 & 0 \\ a_0 & a_4 \end{vmatrix}}{a_1} = \frac{a_1 a_4 - a_0 \cdot 0}{a_1} = a_4$$

$$c_1 = \frac{\begin{vmatrix} b_1 & b_3 \\ a_1 & a_3 \end{vmatrix}}{b_1} = \frac{a_3 b_1 - a_1 b_3}{b_1}, \quad c_3 = \frac{\begin{vmatrix} b_1 & 0 \\ a_1 & 0 \end{vmatrix}}{b_1} = \frac{b_1 \cdot 0 - a_0 \cdot 0}{b_1} = 0$$

$$d_1 = \frac{\begin{vmatrix} c_1 & c_3 \\ b_1 & b_3 \end{vmatrix}}{c_1} = \frac{c_1 b_3 - b_1 c_3}{c_1}$$

このようにしてできたラウス配列の第1列，すなわち，a_0，a_1，b_1，c_1，d_1 がすべて同符号であれば安定である。

例題 8.2 例題 8.1 をラウスの安定判別法により判別せよ。特性方程式は $s^3 + 2s^2 + s + K = 0$ である。

【解答】 ラウス配列はつぎのようになる。

$$\begin{array}{c|ccc}
s^3 & 1 & 1 & 0 \\
s^2 & 2 & K & 0 \\
s^1 & \dfrac{\begin{vmatrix} 2 & K \\ 1 & 1 \end{vmatrix}}{2} = \dfrac{2-K}{2} & \dfrac{\begin{vmatrix} 2 & 0 \\ 1 & 0 \end{vmatrix}}{2} = 0 & \\
s^0 & \dfrac{\begin{vmatrix} b_1 & 0 \\ 2 & K \end{vmatrix}}{b_1} = \dfrac{b_1 K}{b_1} = K & &
\end{array}$$

第1列の1，2，$(2-K)/2$，K が同符号より，$K>0$，$(2-K)/2>0$，$K<2$ が導かれる。ゆえに，$0<K<2$ であれば安定である。また，$K=2$ において $b_1 = 0$ により安定限界となり，フルビッツの安定判別法と同じ結果が得られる。

ラウスの安定判別法の場合，$K>2$ とすると，第1列は，1，$2>0$，$(2-K)/2<0$，$K>0$ となり，正負の符号変化が2回あることがわかる。これは正の特性根が2個あることを示している。このようにラウスの安定判別法は，複素平面上の右半面にある根を知ることができる特徴がある。　　　　　　　　　　　　　　　◇

8.3　ナイキストの安定判別法

ナイキストの安定判別法は一巡伝達関数の周波数特性から判断する方法で，安定，不安定の判別だけではなく，安定の度合いがわかることから非常に有用な方法である。

特性方程式は，$1 + (一巡伝達関数) = 1 + G_0(s) = 0$ であり，この式の周波数

8. 安 定 判 別 法

特性では，$1+G_0(j\omega)=0$ で表され，$G_0(j\omega)=-1$ である。-1 は複素平面上では，図 **8.2** に示す点であり，一巡伝達関数 $G_0(j\omega)$ のベクトルが，この $(-1, j0)$ の点にある場合が安定限界であることが，ナイキストにより見出された。

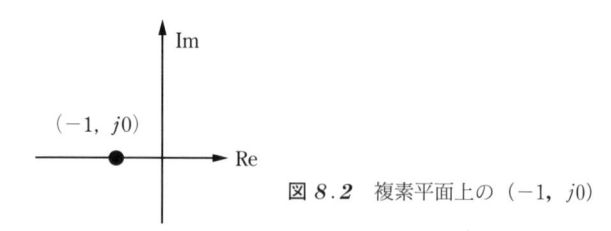

図 **8.2** 複素平面上の $(-1, j0)$

ナイキストの安定判別法は，この一巡伝達関数 $G_0(j\omega)$ のベクトル軌跡において，周波数 ω が $-\infty \sim +\infty$ として描いた場合，$(-1, j0)$ を内部に含まなければ安定であるという法則である。

通常，われわれが扱う制御系では，簡易化されたナイキストの安定判別法が用いられる。

簡易化したナイキストの安定判別法はつぎのようになる。「一巡伝達関数 $G_0(j\omega)$ のベクトル軌跡（特に，これを**ナイキスト線図**と呼ぶ）において，ω が 0 から ∞ まで変化した場合，$(-1, j0)$ の点が左にある状態で変化すれば，この制御系は安定である。右にある状態で変化すれば不安定であり，$(-1, j0)$ の点を通る場合，安定限界である。」

これを具体化した例を図 **8.3** に示す。図に示すように，複素平面上の

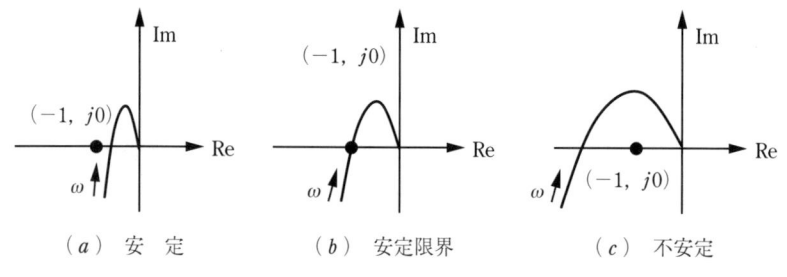

（*a*）安 定　　　（*b*）安定限界　　　（*c*）不安定

図 **8.3** ナイキスト線図（簡易化したナイキストの安定判別法）

(-1, $j0$）の点に対して，左右どちら側を通って変化するかで安定判別を行うことができる．安定判別を行ううえで，$\omega=0$ の位置は不確定ではあるが関係せず，(-1, $j0$）の点とナイキスト線図との関係だけで判別されることから，次節の安定の度合いがわかることになる．

8.4 ナイキストの安定判別法による安定の度合い

図 8.3 に示したように，図（a）が図（b）になるまでは安定であることがわかる．このことから，ナイキスト線図において，原点を中心とした半径1の円との交点が重要となる．図 8.4 にナイキスト線図と単位円の関係を示す．

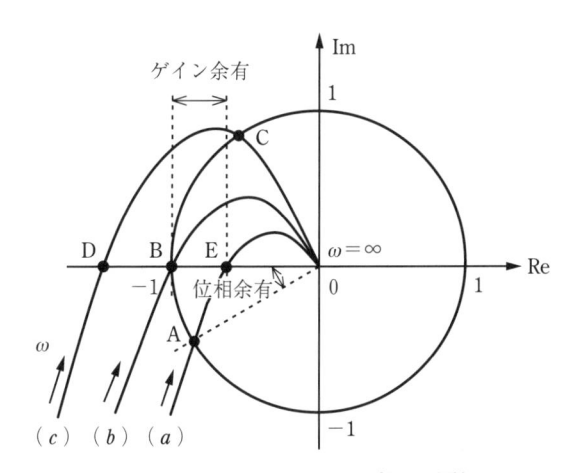

図 8.4 ナイキスト線図と単位円の関係

図において，ナイキスト線図と半径1の円との交点は，一巡伝達関数 $G_0(j\omega)$ のゲイン $|G_0(j\omega)|$ が1であることを示し，点 A，B，C を**ゲイン交点**（gain crossover）という．また，$G_0(j\omega)$ の位相が $-180°$ である点，図において点 D，B，E を**位相交点**（phase crossover）という．図の（b）が安定限界（ゲインが1，位相が$-180°$）であることから，ここに至るまでの余裕があ

ることになる。すなわち，(a)において点Eは位相がすでに$-180°$であるが，ゲインが1より小さいことから安定となり，$(1-|G_0(j\omega)|)$の余裕があることになる。これを**ゲイン余有** g_m (gain margin)と呼び，次式で定義される。

$$g_m [\text{dB}] = 20\log(1) - 20\log|G_0(j\omega)| = -20\log|G_0(j\omega)| \qquad (8.8)$$

すなわち，$G_0(j\omega)$の大きさが重要であることがわかる。また，(a)において，点Aではゲインはすでに1であるが，位相が$-180°$より小さいことから安定となり，$(180°-|\angle G_0(j\omega)|)$の余裕があることになる。これを**位相余有** ϕ_m (phase margin)と呼び，次式で定義される。

$$\phi_m [°] = 180 - |\angle G_0(j\omega)| \qquad (8.9)$$

制御を行う場合には当然安定であるべきであるが，さらによい制御をするためには，このゲイン余有，位相余有は非常に重要なパラメータである。

8.5 ボード線図による安定判別法

ナイキスト線図により制御系の安定判別やゲイン余有，位相余有が求められることを示したが，この定義に基づけば，同じ周波数特性であるボード線図を用いてもそれぞれ求められることは理解できるであろう。すなわち，一巡伝達関数のボード線図において位相 $\angle G_0(j\omega)$ が$-180°$になるωにおいて，ゲイン $|G_0(j\omega)|_{\text{dB}}$ が 0 dB ($|G_0(j\omega)|=1$) より大きいか，小さいかを知ること，あ

コーヒーブレイク

先人たち，Routh (1831〜1907)，Hurwitz (1859〜1919)

自動制御理論が形成されるうえで，大いに貢献したラウスとフルビッツの制御系安定のための必要十分条件は，非常によく似ている。まず，1877年ラウス（イギリス）により発表された。しかし，昔のことで，そのことをまったく知らないフルビッツ（スイス）は，20数年後，同じような結論を得て発表した。

後になって二人の導いた条件は，形が違うが同じ内容であることを別の研究者によって証明されたという経緯がある。現在でも二つの方法は制御理論の重要な部分であり，これを機に制御理論が芽生えていった。

るいは，ゲイン $|G_0(j\omega)|_{dB}$ が 0 dB になる ω において，位相 $\angle G_0(j\omega)$ が $-180°$ を越えているか，いないかを知ることによって，安定判別ができることになる．**図 8.5** にボード線図での安定判別法を示す．

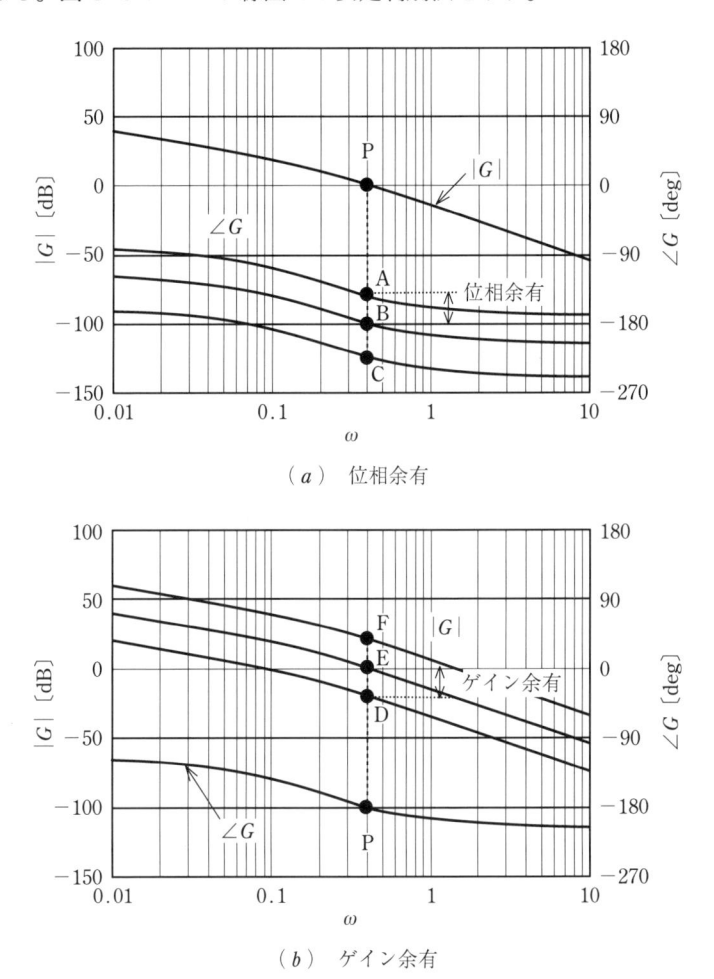

(a) 位相余有

(b) ゲイン余有

図 8.5 ボード線図での安定判別法

図 (a) において，ゲイン 0 dB における点 P での位相が，点 A であれば安定，点 B で安定限界，点 C では不安定であり，点 A と $-180°$ までの位相角が位相余有となる．同様に，図 (b) において，位相が $-180°$ である点 P で

のゲインが点Dであれば安定，点Eでは安定限界，点Fでは不安定であり，点Dと0dBとの差がゲイン余有となる．

演 習 問 題

【1】 図8.6に示す制御系の安定性をフルビッツの方法，ならびにラウスの方法ににより判別せよ．ただし，$K=1, 2, 4$とする．

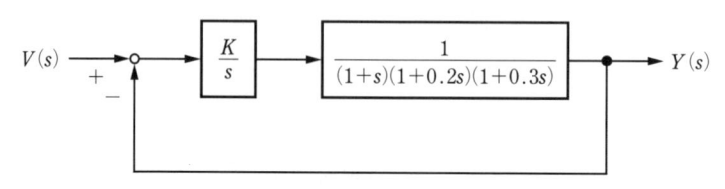

$V(s) \longrightarrow +\bigcirc_{-} \longrightarrow \boxed{\dfrac{K}{s}} \longrightarrow \boxed{\dfrac{1}{(1+s)(1+0.2s)(1+0.3s)}} \longrightarrow Y(s)$

図8.6

【2】 図8.7示すむだ時間をもつ一次遅れ要素を比例制御する場合，ゲイン余有が5dBになる比例ゲインKの値を求めよ．また，この場合の位相余有はいくらになるか求めよ．

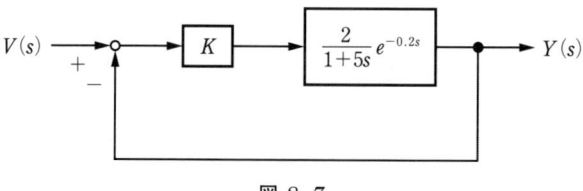

$V(s) \longrightarrow +\bigcirc_{-} \longrightarrow \boxed{K} \longrightarrow \boxed{\dfrac{2}{1+5s}e^{-0.2s}} \longrightarrow Y(s)$

図8.7

9

自動制御の設計

　自動制御の基礎的な知識の習得は，8章までにできてきた。いよいよ自動制御系を組み立てていくことにしよう。機械装置の製作計画を設計と呼ぶように，制御でも制御系の設計という。まず，制御系で考慮しなければならない事項を整理しよう。

9.1　制御系設計の基本設計事項

　制御系を設計するには，今までに学んだことをすべて活用しなければならないことが制御とは難しいとの印象を与えている。しかしながら，制御の目的をきちんと把握し，一つ一つ整理していくことで，設計ができる。
　基本設計事項1：まず安定でなければならない
　基本設計事項2：目標値との差が少ないのが良い
　基本設計事項3：より早く目標値になるのが良い
以上の3条件を達成できれば，設計が完成である。順次各事項を見ていくことにしよう。

9.2　安定性について

　制御系の安定判別は重要であることから各種の方法がある。目的に応じて選ぶ必要がある。これらを整理するとつぎのようになる。
　制御系の一巡伝達関数が決まれば，特性方程式からフルビッツ，あるいはラ

ウスの安定判別法により安定判別ができ，安定限界のゲイン定数 K を求めることができる。根軌跡を描けば，ゲイン K（$0 \sim \infty$）の範囲の状況が把握できる。

そして，一番よく使用される指標は，ナイキストの安定判別法によるゲイン余有，位相余有の値である。一般的には，位相余有は，$20° \sim 40°$，ゲイン余有は，$3 \sim 12\,\mathrm{dB}$ がよいとされており，制御系の設計における重要なパラメータである。

9.3 定常偏差について

つぎに，制御量が目標値に一致することが望ましいが，目標値との差，すなわち偏差が許容範囲に収まることが重要となる。一般的な簡略化した制御系は図 9.1 に示すようになる。

図において，定常偏差は制御偏差 $E(s)$ の時間領域での定常値である。制御

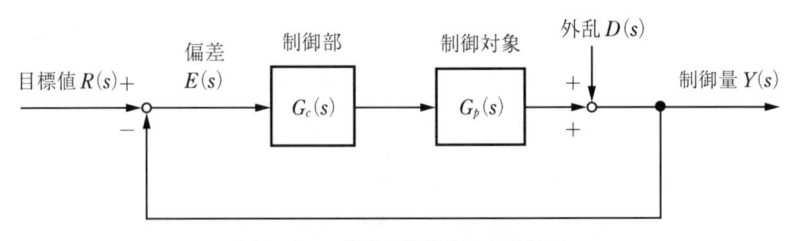

図 9.1　一般的な簡略化した制御系

コーヒーブレイク

先人たち，Nyquist（1889〜1976）

アメリカの電信電話会社の技師であったナイキストらは，電子管の増幅率を上げるために出力の一部をフィードバックする方法を考案した。ところが，条件によって不安定になる現象が現れた。この問題を理論的に検討し，動作が安定であるための条件を明らかにしたのが 1932 年のことであった。まったく制御技術の意識がなく，電気通信技術課題の解決法を考えたナイキストの安定判別法は，いまでは制御理論の重要な位置を占めることとなった。

偏差 $E(s)$ は

$$E(s) = \frac{1}{1+G_c(s)G_p(s)}R(s) - \frac{1}{1+G_c(s)G_p(s)}D(s) \qquad (9.1)$$

となる。

定常値は時間 t が∞での値と考えればよいことから，ラプラス変換の性質5）の最終値の定理（**2.4.2**項）を用いることで，容易に求めることができる。すなわち，定常偏差 $e(t)|_{t=\infty}$ は

$$e(\infty) = \lim_{s \to 0}\{sE(s)\}$$

$$= \lim_{s \to 0}\left\{s\left(\frac{1}{1+G_c(s)G_p(s)}R(s) - \frac{1}{1+G_c(s)G_p(s)}D(s)\right)\right\} \qquad (9.2)$$

で求められる。この定常偏差を許容範囲内に収束するよう，制御部 $G_c(s)$ を設計する。

9.4 速応性について

さらに，この定常値に落ち着くまでの時間は短いほどよく，速応性と呼ばれる。これは**図9.1**における $Y(s)$ から求められる。制御量 $Y(s)$ は

$$Y(s) = \frac{G_c(s)G_p(s)}{1+G_c(s)G_p(s)}R(s) + \frac{1}{1+G_c(s)G_p(s)}D(s) \qquad (9.3)$$

であるから，制御量の時間的変化 $y(t)$ は，$Y(s)$ を逆変換して求められる。

$$y(t) = \mathscr{L}^{-1}[Y(s)] \qquad (9.4)$$

すなわち，$y(t)$ が一定値になる時間は，制御部 $G_c(s)$ によって決定される。

以上の3項目が設計の指針となる。すなわち，**安定性**（stability），**定常偏差**（steady-state error），**速応性**（responsibility）である。ここで，問題なのは，安定性を高めると定常偏差や速応性が悪くなるという相反関係にあることから，目的に合わせて妥協点を見つける必要がある。

そこで，実用的には制御系の設計指針はつぎのようになる。

1） プロセス制御ではゲイン余有は 3 dB 以上，位相余有は 20° 以上であ

9. 自動制御の設計

り，最大ゲイン $M_p=1.2 \sim 1.5$ にする。

2） サーボ機構では，ゲイン余有は 12 dB 以上，位相余有は 40° 以上であり，最大ゲイン $M_p=1.1 \sim 1.4$ にする。

3） ゲイン交点，位相交点，あるいはカットオフ周波数はできるだけ高いほうがよい。

図 **9.2** に示す一次遅れ要素の制御対象を積分制御する場合について考えよう。

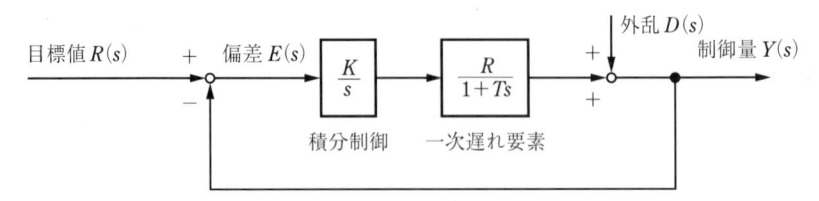

図 **9.2** 一次遅れ要素に対する積分制御の設計

ここで，時定数 $T=0.1$ 〔s〕，ゲイン定数 $R=10$ とする。この場合，制御部におけるゲイン K の値をいくらにすればよいかが問題となる。では，安定性，定常偏差，速応性などについて，それぞれ考えてみよう。

〔**1**〕 **安定性** 外乱 $D(s)=0$ としての特性方程式は

$$1+\frac{K}{s} \cdot \frac{10}{1+0.1s}=0$$

より

$$0.1s^2+s+10K=0 \tag{9.5}$$

となる。フルビッツの安定条件より，$10K>0$ であることから，$K>0$ であれば安定である。

〔**2**〕 **定常偏差**

1） 外乱 $D(s)=0$ としての偏差は

$$E(s)=\frac{1}{1+\dfrac{K}{s} \cdot \dfrac{10}{1+0.1s}} R(s) = \frac{s(1+0.1s)}{0.1s^2+s+10K} R(s) \tag{9.6}$$

で表される。ここで，目標値がステップ状に変化する場合，$R(s)=1/s$ とな

る。最終値の定理を用いて，定常偏差を求めると

$$e(\infty)=\lim_{s\to 0}\{sE(s)\}=\lim_{s\to 0}\left\{s\frac{s(1+0.1s)}{0.1s^2+s+10K}\cdot\frac{1}{s}\right\}=0$$

となる。すなわち，K の値に関わらず，偏差 $e(\infty)=0$ となり，目標値に一致することがわかる。

つぎに，目標値がランプ関数状に変化する場合は，$R(s)=1/s^2$ となる。同様に，定常偏差を求めると

$$e(\infty)=\lim_{s\to 0}\left\{s\frac{s(1+0.1s)}{0.1s^2+s+10K}\cdot\frac{1}{s^2}\right\}=\frac{1}{10K}$$

となる。すなわち，K の値が大きいほど，定常偏差は小さくなるものの，偏差が残ることがわかる。

2) 目標値 $R(s)=0$ としての偏差は，式 (9.1) から

$$E(s)=-\frac{1}{1+\dfrac{K}{s}\cdot\dfrac{10}{1+0.1s}}D(s)=-\frac{s(1+0.1s)}{0.1s^2+s+10K}D(s) \quad (9.7)$$

となる。ここで，外乱がステップ状 ($D(s)=1/s$) に変化する場合や，衝撃性（インパルス）外乱 ($D(s)=1$) の場合，いずれの場合も，定常偏差は0となることがわかる。

〔3〕 速応性

1) 外乱 $D(s)=0$ として，目標値の変化に対する出力応答により速応性を調べる。制御量 $Y(s)$ は

$$Y(s)=\frac{\dfrac{K}{s}\cdot\dfrac{10}{1+0.1s}}{1+\dfrac{K}{s}\cdot\dfrac{10}{1+0.1s}}R(s)=\frac{10K}{0.1s^2+s+10K}R(s)$$

$$=\frac{100K}{s^2+10s+100K}R(s)=\frac{\omega_n^2}{s^2+2\zeta\omega_n s+\omega_n^2}R(s),$$

$$\omega_n=10\sqrt{K},\quad \zeta=\frac{1}{2\sqrt{K}} \qquad (9.8)$$

で表される。ここで，目標値がステップ状に変化する場合，$R(s)=1/s$ となるので，制御量の時間応答は

となる。これは，**5.2.6** 項の二次遅れ要素のステップ応答であり，ζ の値によって，応答が変化する。

$0<\zeta<1$ の場合，$0<1/2\sqrt{K}<1$ より，$K>1/4$ となる。式（5.6）より

$$y(t)=1-\frac{e^{-\zeta\omega_n t}}{\sqrt{1-\zeta^2}}\left\{\sin\left(\omega_n\sqrt{1-\zeta^2}\,t+\varphi\right)\right\} \quad \varphi=\tan^{-1}\frac{\sqrt{1-\zeta^2}}{\zeta} \quad (9.9)$$

となる。式（5.21）で述べた特性パラメータ整定時間 $t_s=4/\zeta\omega_n$ であることから，$t_s=4/5$〔s〕となり，K の値には無関係である。$0<K<1/4$ の場合についても同様に，$y(t)$ の式が求められ，出力応答を考察できる。

2）目標値 $R(s)=0$ としての外乱が出力応答に与える影響を考える。この場合，ブロック線図は図 **9.3** のように置き換えられる。

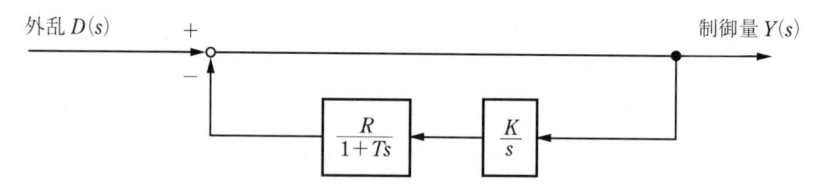

図 9.3 置き換えられたブロック線図

制御量 $Y(s)$ は，図と式（9.3）から，以下のようになる。

$$Y(s)=\frac{1}{1+\dfrac{K}{s}\cdot\dfrac{10}{1+0.1s}}D(s)=\frac{s(1+0.1s)}{0.1s^2+s+10K}D(s) \quad (9.10)$$

ここで，外乱の種類の特定は困難であることから，周波数領域でのゲインを求め考察する。

式（9.10）から，外乱 $D(s)$ に対する制御量 $Y(s)$ の伝達関数 $G(s)$ は

$$G(s)=\frac{Y(s)}{D(s)}=\frac{s(1+0.1s)}{0.1s^2+s+10K}$$
$$G(j\omega)=\frac{-\omega^2+j10\omega}{-\omega^2+100K+j10\omega} \quad (9.11)$$

よって，ゲインは

9.4 速応性について

$20\log|G(j\omega)|$

$$=20\log\sqrt{\left\{\frac{\omega^2\{\omega^2+100(1-K)\}}{(100K-\omega^2)^2+100\omega^2}\right\}^2+\left\{\frac{1\,000K\omega}{(100K-\omega^2)^2+100\omega^2}\right\}^2}$$

となる。K を変化させた場合の様子を図 **9.4** に示す。

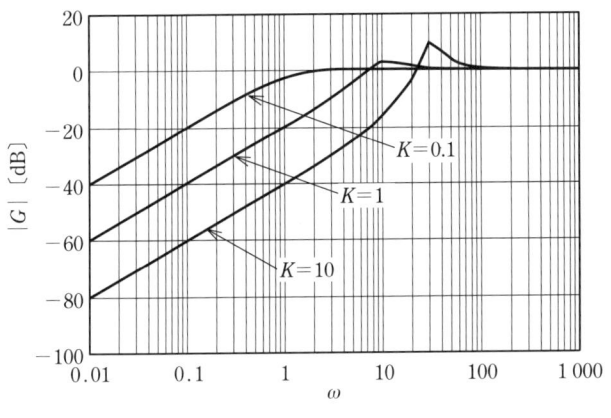

図 9.4 $G(s)$ のゲイン線図

図より，定数 K が大きいほうが低周波域での外乱の影響が少ないことがわかる。しかしながら，高周波域では K の値にかかわらず影響がある。この様子は，偏差についても同じ伝達関数となることから同様なことがわかる。外乱入力に対する時間応答については，逆変換から求められる。

〔**4**〕 **ゲイン余有，位相余有** 一巡伝達関数のボード線図を描くことで求めることができる。

$$G_0(s)=\frac{K}{s}\cdot\frac{10}{1+0.1s}$$

のボード線図は

$$G_0(j\omega)=\frac{K}{j\omega}\cdot\frac{10}{1+0.1j\omega}$$

から

$$\text{ゲイン}:|G_0(j\omega)|=\frac{K}{\omega}\cdot\frac{10}{\sqrt{1+(0.1\omega)^2}}$$

$$|G_0(j\omega)|_{\mathrm{dB}} = 20\log K + 20\log 10 - 20\log \omega - 20\log\sqrt{1+(0.1\omega)^2} \quad [\mathrm{dB}]$$
(9.12)

$$位\ 相：\angle G_0(j\omega) = -\frac{\pi}{2} - \tan^{-1}(0.1\omega) \tag{9.13}$$

$K=1$ とした場合のボード線図を図 **9.5** に示す。

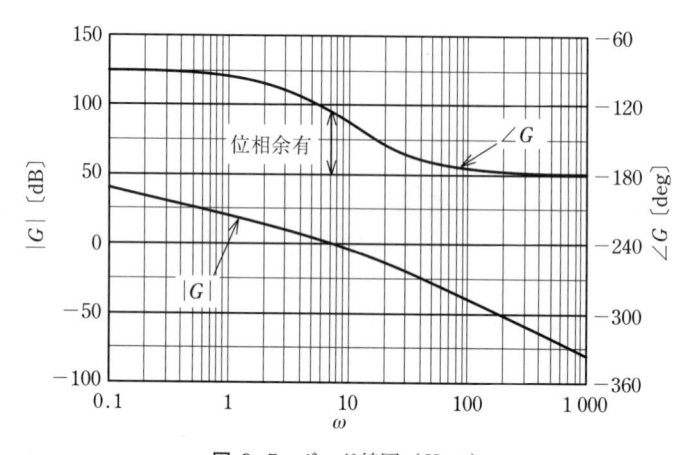

図 **9.5** ボード線図 ($K=1$)

この制御系では，式 (9.13) より，位相は $-180°$ まで至らないことから，K の値にかかわらず，ゲイン余有は無限大となる。位相余有はゲイン 0 dB となる $\omega=7.86$ における位相が $-128°$ であることから，$52°$ となることがわかる。

〔**5**〕 **最大ゲイン**　目標値変化に対する制御量のゲインは

$$\frac{Y(s)}{R(s)} = \frac{\dfrac{K}{s} \cdot \dfrac{10}{1+0.1s}}{1 + \dfrac{K}{s} \cdot \dfrac{10}{1+0.1s}} = \frac{10K}{0.1s^2 + s + 10K}$$

となる。よって，最大ゲイン M_p は，次式となる。

$$M_p = \left|\frac{Y(j\omega)}{R(j\omega)}\right| = \left|\frac{10K}{0.1(j\omega)^2 + j\omega + 10K}\right| = \frac{100K}{\sqrt{(100K-\omega^2)^2 + 100\omega^2}}$$

K をパラメータとしての最大ゲイン M_p の周波数特性を図 **9.6** に示す。

この図から，最大ゲイン $M_p=1.1\sim1.5$ 程度にすれば，$K=1\sim2$ 程度がよいことがわかる。

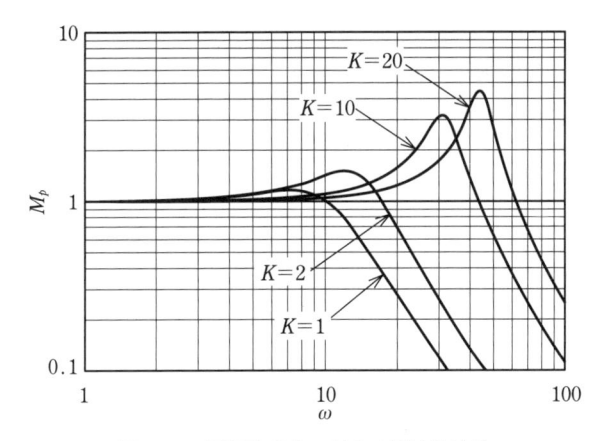

図 **9.6** 目標値変化に対する周波数特性

演 習 問 題

【1】 図 **9.7** のブロック線図で表される一次遅れ要素を比例制御する制御系において，ゲイン定数 K の値による安定性，速応性，定常偏差を求める式を示し，考察せよ。

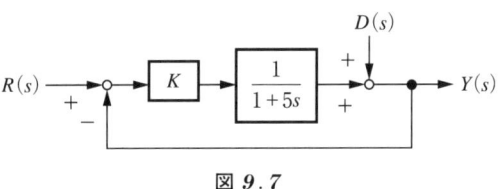

図 **9.7**

(1) 目標値変化に対して（外乱 $D(s)=0$）
 a) 安定性
 b) 速応性（ステップ応答）
 c) 定常偏差（ステップ入力）
(2) 外乱に対して（$R(s)=0$）
 d) 安定性
 e) 定常偏差（インパルス外乱）

【2】 図 9.8 のブロック線図で表される一次遅れ要素を積分制御する制御系において、ゲイン定数 K の値による安定性、速応性、定常偏差を求める式を示し、考察せよ。

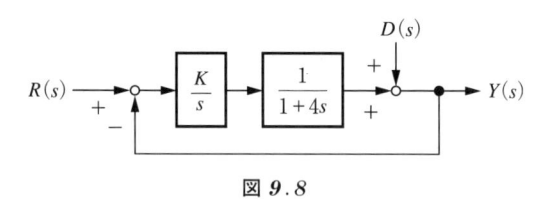

図 9.8

(1) 目標値変化に対して（外乱 $D(s)=0$）
 a) 安定性
 b) 速応性（ステップ応答）
 c) 定常偏差（ステップ入力）
(2) 外乱に対して（$R(s)=0$）
 d) 安定性
 e) 定常偏差（インパルス外乱）

【3】 図 9.9 のブロック線図で表される一次遅れとむだ時間系からなるプロセス制御を積分制御した場合について、位相余有が $25°$ になるように、ゲイン K の値を求めなさい。また、この場合のゲイン余有を求めなさい。

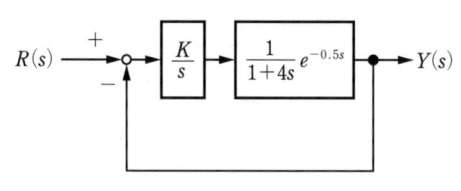

図 9.9

10

自動制御の設計法

　本章では，実際に設計を試みてみることにしよう。制御の目的によって少し変わってくる。すなわち，プロセス制御とサーボ機構では設計指針が異なってくる。プロセス制御は生産における連続プロセス変量を一定に保つことが，主目的である。制御対象となる系は，タンクや部屋で，制御量は温度，圧力，液位などであることから，ゆっくりした制御であるのに対し，サーボ機構は，追従制御で，ロボットの腕の位置制御や飛行機の自動操舵装置など速さと精度が要求されることになる。このことから設計指針は，つぎのようになり少し異なってくる。

　1）　プロセス制御の設計指針　　ゲイン余有は 3 dB 以上，位相余有は 20°以上，最大ゲインは 1.2〜1.5 程度で，大きすぎない値がよい。そして，ゲイン交点，位相交点，あるいはカットオフ周波数はなるべく高いほうがよい。

　2）　サーボ機構の設計指針　　ゲイン余有は 12 dB 以上，位相余有は 40°以上，最大ゲインは 1.1〜1.4 程度で，大きすぎない値がよい。そして，ゲイン交点，位相交点，あるいはカットオフ周波数はなるべく高いほうがよい。

10.1　プロセス制御の設計

　プロセス制御の例として，*1* 章で述べた水位制御の設計を考えよう。水位制御のブロック線図は，図 *3*.*10* に示したように表されるが，ここでは簡単化し，比例要素の伝達関数 K_1，K_2，$K_3=1$ とすると，図 *10*.*1* で表される。

　制御対象が決まれば，伝達関数は一定となり，結局，プロセス制御の設計は，制御器である PID 調節器を調整することである。PID 調節器の伝達関数 $G_c(s)$ は

10. 自動制御の設計法

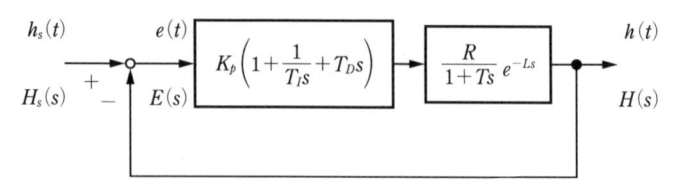

図 10.1 水位の PID 制御

$$G_c(s) = K_p\left(1 + \frac{1}{T_I s} + T_D s\right) \qquad (10.1)$$

で表され，K_p は **比例感度**（proportional gain），T_I は **積分時間**（integral time），T_D は **微分時間**（differential time）と呼ばれる。このパラメータの値をいかにすればよいかが，プロセス制御の設計である。

まず，制御対象である水槽の特性をステップ応答として求めよう。水槽への流入流量が 10〔l/min〕でステップ状に変化した場合に **図 10.2** に示す特性が得られた。

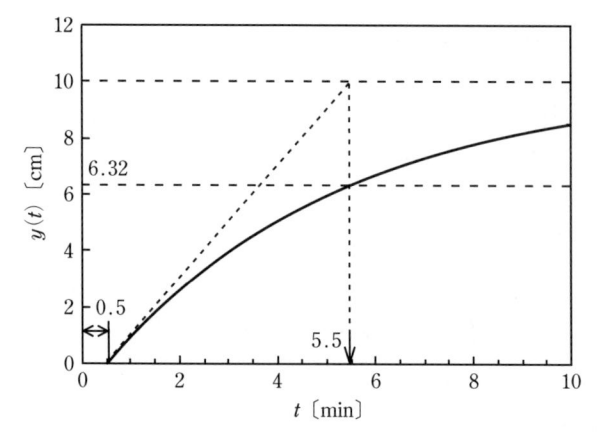

図 10.2 水槽の特性のステップ応答

図のステップ応答の変曲点における接線を引き，むだ時間 L，時定数 T が求められ，図より，$L=0.5$〔min〕，$T=5$〔min〕が得られる。また，水位の変化量は 10 cm であることから，ゲイン定数 $R=10$〔cm〕/10〔l/min〕= 1〔cm・min/l〕となり，制御対象の伝達関数 $G_p(s)$ は，式（10.2）となる。

$$G_p(s) = \frac{R}{1+Ts}e^{-Ls} = \frac{1}{1+5s}e^{-0.5s} \qquad (10.2)$$

Ziegler と Nichols は制御対象のステップ応答から PID 調節器の各パラメータの設定をつぎのように提案し,広く使用されている.

$$K_p = 1.2\frac{T}{RL}, \quad T_I = 2L, \quad T_D = 0.5L \qquad (10.3)$$

図の場合,$K_p = 12$,$T_I = 1$ min,$T_D = 0.25$ min となり,この制御系の一巡伝達関数 $G_0(s)$ は次式で表される.

$$G_0(s) = 12\left\{1 + \frac{1}{s} + 0.25s\right\}\frac{e^{-0.5s}}{1+5s} \qquad (10.4)$$

ゲイン余有,位相余有を調べるために,一巡伝達関数のボード線図を描くことにしよう.

$$\text{ゲイン}: |G_0(j\omega)| = K_p\sqrt{1 + \frac{T_D}{T_I}\left(\sqrt{T_IT_D}\,\omega - \frac{1}{\sqrt{T_IT_D}\,\omega}\right)^2} \cdot \frac{R}{\sqrt{1+(\omega T)^2}} \qquad (10.5)$$

$$\text{位 相}: \angle G_0(j\omega) = \tan^{-1}\left\{\sqrt{\frac{T_D}{T_I}}\left(\sqrt{T_DT_I}\,\omega - \frac{1}{\sqrt{T_DT_I}\,\omega}\right)\right\} - \tan^{-1}(\omega T) - \omega L \qquad (10.6)$$

式 (10.5),(10.6) に得られた各パラメータの値を代入し,ボード線図を

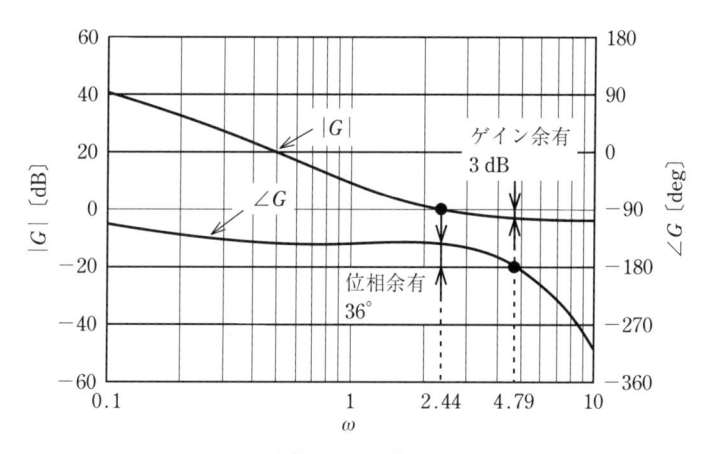

図 **10.3** 水位の PID 制御のボード線図

描くと図 **10.3** で表される.

図より，ゲイン余有，位相余有を求めると，ゲイン余有＝約 3 dB，位相余有＝約 36 deg となり，プロセス制御の設計指針を満足していることがわかる.

また，ジーグラー（Ziegler）とニコルスは，制御対象が理想的な一次遅れ要素とむだ時間要素で表されることが少ない現実に対し，ジーグラーとニコルスの調整法と呼ばれる，つぎのような実際的な調整を提案した.

これは，実際のプロセス制御系において，まず比例制御のみ（積分時間 T_I ＝∞，微分時間 T_D＝0）とし比例感度 K_P を上げ，制御量の $h(t)$ が安定限界である一定振動になった場合の振動周期 T_e，その場合の比例感度 K_e より調整値をつぎのように決める方法である.

$$K_P = 0.6 K_e, \quad T_I = 0.5 T_e, \quad T_D = 0.125 T_e \qquad (10.7)$$

この方法は**限界感度法**と呼ばれ，現場での調整に広く用いられている.

10.2 サーボ機構の設計

サーボ機構の設計例として，図 **10.4** に示すようなロボットの位置決め装置を考えてみよう.

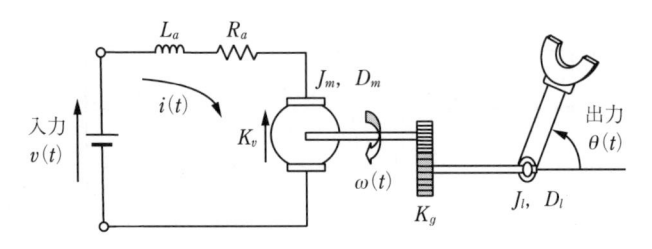

図 **10.4** サーボモータを用いたロボットの位置決め装置

図は直流サーボモータがギアを介して，負荷（ロボットの腕）を駆動する装置であり，この装置の伝達関数を求めてみよう．図において，直流サーボモータの電圧方程式は，次式のように表される.

$$v(t) = L_a \frac{di(t)}{dt} + R_a i(t) + K_v \omega(t) \qquad (10.8)$$

ここで，$v(t)$〔V〕は入力電圧，L_a〔H〕は電機子巻線インダクタンス，R_a〔Ω〕は電機子巻線抵抗，$i(t)$〔A〕は電機子電流，K_v〔V/(rad/s)〕は逆起電力定数，$\omega(t)$〔rad/s〕はサーボモータの回転速度をそれぞれ示している。

つぎに，トルク方程式は，サーボモータの発生トルクを τ〔N·m〕として，次式のように表せる。

$$\tau = K_t i(t) = J \frac{d\omega(t)}{dt} + D \omega(t) \qquad (10.9)$$

式中において，K_t〔N·m/A〕はトルク定数，J〔kg·m^2〕($=J_m + J_l$) は慣性モーメント，D〔N·m/(rad/s)〕($=D_m + D_l$) は粘性摩擦係数をそれぞれ示している。

式 (10.8)，(10.9) をラプラス変換し，電機子電流 $I(s)$ を消去し，入力電圧 $V(s)$ とモータの回転速度 $\Omega(s)$ の関係を求めると，次式が得られる。

$$\begin{aligned}
\frac{\Omega(s)}{V(s)} &= \frac{K_t}{JL_a s^2 + (JR_a + DL_a)s + R_a D + K_t K_v} \\
&= \frac{\dfrac{K_t}{R_a D + K_t K_v}}{\dfrac{JL_a}{R_a D + K_t K_v} s^2 + \dfrac{JR_a + DL_a}{R_a D + K_t K_v} s + 1}
\end{aligned} \qquad (10.10)$$

一般的にサーボモータにおいて，電機子インダクタンス L_a は非常に小さく，$JR_a \gg DL_a$ が成立し，$DL_a \fallingdotseq 0$，$L_a(R_a D + K_t K_v) \fallingdotseq 0$ より，式 (10.10) は，次式のように近似される。

$$\frac{\Omega(s)}{V(s)} = \frac{\dfrac{K_t}{R_a D + K_t K_v}}{\left(\dfrac{JR_a}{R_a D + K_t K_v} s + 1\right)\left(\dfrac{L_a}{R_a} s + 1\right)} = \frac{K_M}{(1 + T_M s)(1 + T_E s)}$$

$$(10.11)$$

ここで，K_M〔(rad/s)/V〕はサーボモータのゲイン定数，T_M〔s〕は機械的時定数，T_E〔s〕は電気的時定数と呼ばれる。また，一般的には，$T_M \gg T_E$ が成立し，機械的時定数は応答性の目安となる重要な特性である。さらに，サー

130   10. 自動制御の設計法

ボモータのカタログには，粘性摩擦トルクを外乱とみなし，$R_a D \fallingdotseq 0$ として次式のように近似する場合がある．

$$\frac{\Omega(s)}{V(s)} = \frac{\dfrac{1}{K_v}}{\left(\dfrac{JR_a}{K_t K_v}s+1\right)\left(\dfrac{L_a}{R_a}s+1\right)} = \frac{K_M}{(1+T_M s)(1+T_E s)} \quad (10.12)$$

つぎに，出力 $\theta(t)$ と回転速度 $\omega(t)$ の関係は，次式のようになる．

$$\theta(t) = K_g \int \omega(t)\,dt \quad (10.13)$$

式中において，K_g はギヤ比，$\theta(t)$〔rad〕は回転角度をそれぞれ示している．式 (10.13) をラプラス変換して，回転速度と回転角度の関係を求めると

$$\Theta(s) = \frac{K_g}{s} \Omega(s) \quad (10.14)$$

となり，全体の入出力関係（入力電圧と腕の回転角度の関係）を表す伝達関数 $G_M(s)$ は，次式で得られる．

$$G_M(s) = \frac{\Theta(s)}{V(s)} = \frac{K_g \dfrac{K_t}{R_a D + K_t K_v}}{s\left(\dfrac{JR_a}{R_a D + K_t K_v}s+1\right)\left(\dfrac{L_a}{R_a}s+1\right)}$$

$$= \frac{K_g K_M}{s(1+T_M s)(1+T_E s)} \quad (10.15)$$

10.2.1 ゲイン K の調整

では，この位置決め装置に，図 **10.5** に示すような比例制御系を構成した場合のサーボ機構の設計を行ってみよう．

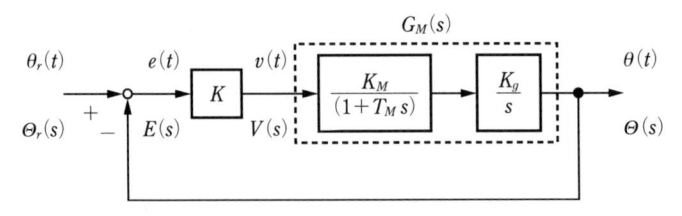

図 **10.5** 位置決め装置の比例制御系の構成

ここでは，$T_M \gg T_E$ が成立することから，サーボモータの時定数は機械的時定数のみを考え，制御システムのパラメータは，機械的時定数 $T_M = 0.5$ s，ゲイン定数 $K_M = 20$ (rad/s)/V，ギヤ比が 20 倍（$K_g = 0.05$）とする。この制御系の一巡伝達関数 $G_0(s)$ は，次式のように表される。

$$G_0(s) = \frac{K}{s(1+0.5s)} \tag{10.16}$$

式（10.16）から，ゲイン，位相は次式で計算される。

$$|G_0(j\omega)|_{dB} = 20\log K - 20\log \omega - 20\log\left(\sqrt{1+(0.5\omega)^2}\right) \tag{10.17}$$

$$\angle G_0(j\omega) = -90° - \tan^{-1} 0.5\omega \tag{10.18}$$

まず，制御器をゲイン調整をせず，$K=1$ の特性を調べてみよう。式（10.17），（10.18）からボード線図は，**図 10.6** になる。

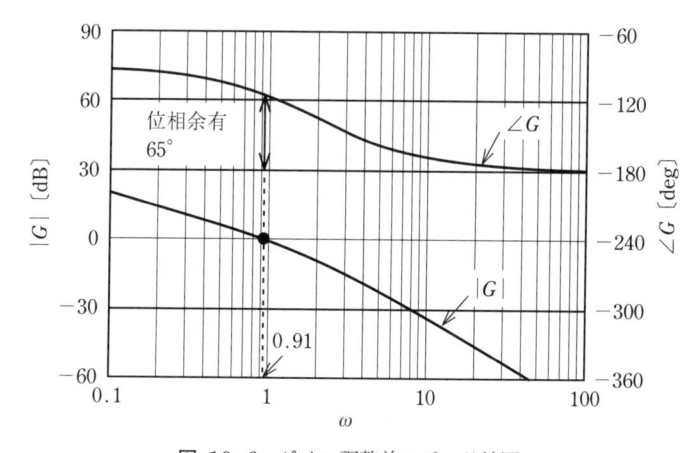

図 10.6 ゲイン調整前のボード線図

図から，ゲイン交点周波数 ω_g は 0.91，位相余有は 65° であることがわかる。また，位相が $-180°$ に至らないことから，ゲイン余有は ∞ dB となる。この結果は，制御系が安定することを意味するが，サーボ機構としての設計目標のゲイン余有 12 dB，位相余有 40° 程度からは，かなり離れていることがわかる。

そこで，ゲイン K を調整し，サーボ機構の設計目標を満足するようにして

みよう。式 (10.18) からわかるように，位相特性はゲイン K に無関係であるため，位相余有を 45° に設定し，ゲイン曲線を変更する。位相余有が 45° になる周波数を求めると $\omega=2$ となり，この周波数をゲイン交点となるように，式 (10.17) の左辺を 0 として，K を調整すると

$$K = 10^{\log \omega + \log(\sqrt{1+(0.5\omega)^2})} = 2.83 \qquad (10.19)$$

が得られる。ゲイン調整後のボード線図を図 **10.7** に示す。図から，ゲイン交点周波数 ω_g は 2，位相余有は 45°，ゲイン余有は 12 dB 以上である。これらは，サーボ機構の設計目標を満足している。

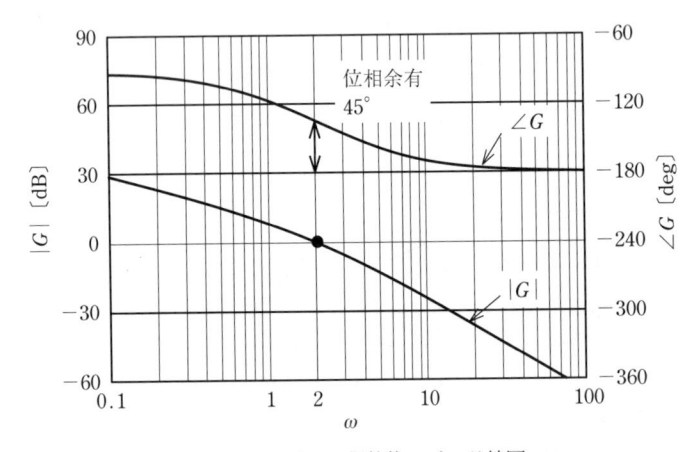

図 **10.7** ゲイン調整後のボード線図

つぎに，最大ゲイン M_p がサーボ機構の設計目標（$M_p=1.1\sim1.4$）を満足するかどうかをみるために，次式を用いて，最大ゲイン M_p を求めてみよう。求められたゲイン線図を図 **10.8** に示す。

$$M = \left| \frac{\Theta(s)}{\Theta_r(s)} \right| = \left| \frac{G_0(s)}{1+G_0(s)} \right| \qquad (10.20)$$

図から，最大ゲイン M_p は 1.31 であり，カットオフ周波数は 3.23 となる。このことから，カットオフ周波数はそれほど高くないものの，最大ゲインはサーボ機構の設計目標を満足することがわかる。

また，この制御系の入力にステップ入力，ランプ入力を用いた時間応答を図

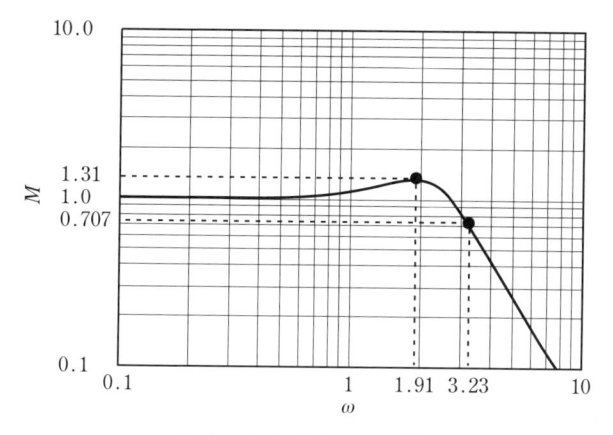

図 **10.8** 入出力ゲイン線図

10.9, 図 **10.10** にそれぞれ示す。図 **10.9**, 図 **10.10** から，調整前に比べて，速応性がよくなっていることがわかる。また，ランプ入力に対する定常偏差を求めてみると

$$e(\infty) = \lim_{s \to 0}\{sE(s)\} = \lim_{s \to 0}\left\{s \cdot \frac{s(1+0.5s)}{s(0.5s+1)+K} \cdot \frac{1}{s^2}\right\} = \frac{1}{K} \quad (10.21)$$

より，調整前の 1〔rad〕から，調整後の 0.353〔rad〕に減少でき，定常偏差が改善されていることがわかる。

以上の結果より，ゲイン調整によってサーボ機構の設計目標を達成し，応答

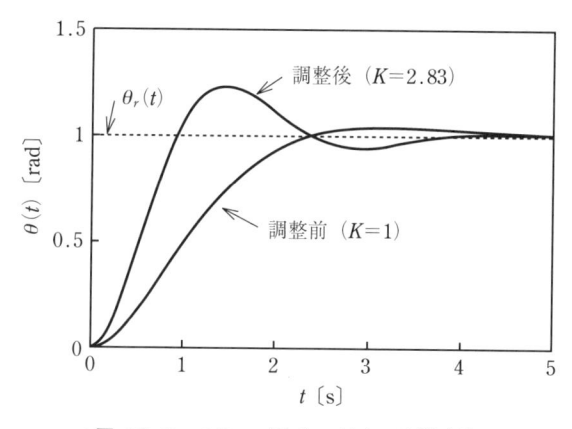

図 **10.9** ステップ入力に対する時間応答

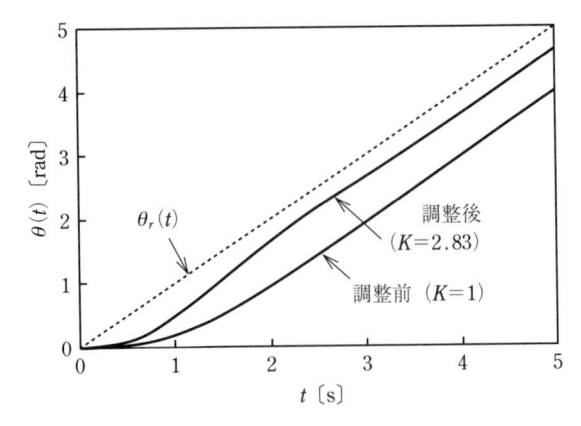

図 10.10 ランプ入力に対する時間応答

性の改善が図られたことがわかる．しかしながら，サーボ機構においては，速応性をより向上させたい，定常偏差をより小さくしたいなどの要求や，ゲイン調整だけでは設計目標を達成できないことが考えられる．その場合は，次項に説明する補償を行い，よりよいサーボ機構を構成することになる．

10.2.2 サーボ機構の特性補償

サーボ機構の特性を要求に合致するように修正することを特性補償という．補償には，図 **10.11** に示すように，**直列補償**（series compensation）と**フィードバック補償**（feedback compensation）の二つの方法がある．では，そ

コーヒーブレイク

カット・アンド・トライ

　自動制御系の設計は，モデル化がほぼ正確にできていれば，さまざまな設計法を使って設計することができる．しかしながら，実際には設計したほどの結果が得られず，試行錯誤的にパラメータを変更し，望ましい結果を得ることも多々ある．この試行錯誤的な操作を「カット・アンド・トライ」と呼ぶ．

　単なる試行錯誤ではなく，設計熟練者のカット・アンド・トライは，設計の基礎を熟知したうえで行われるので，職人的な技であるといえる．"Cut and Try" は，設計における重要な言葉の一つであるが，擬似用語として，"Try and Try" は技術者として重要な言葉の一つであることをつけ加えておく．

10.2 サーボ機構の設計

(a) 直列補償 (b) フィードバック補償

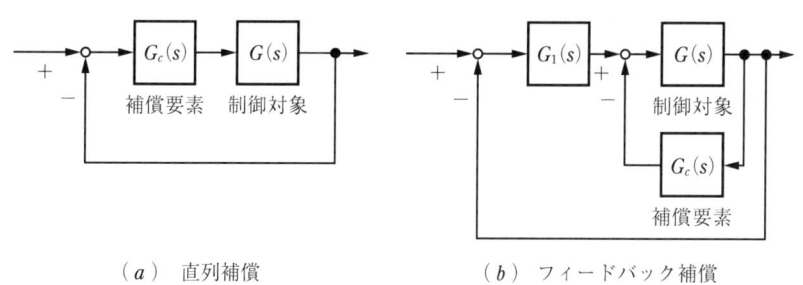

図 10.11 特性補償の方法

れぞれの補償についてみよう。

〔**1**〕 **直列補償** 図 (a) に示すように適当な補償要素を制御ループに直接挿入して特性を改善する方法である。フィードバック補償に比べて，補償器の設計は容易である。補償要素の種類によってつぎのように分類される。

1） **位相進み補償**（phase lead compensation）は位相特性が正の要素すなわち位相進み要素を用いて，速応性を改善することを目的とする。

2） **位相遅れ補償**（phase lag compensation）は位相特性が負の要素すなわち位相遅れ要素を用いて，定常偏差を改善することを目的とする。

3） **位相進み遅れ補償**（phase lead-lag compensation）は位相特性が正負に変化する要素すなわち位相進み要素と位相遅れ要素が一つになった要素を用いて，速応性と定常偏差を同時に改善することを目的とする。

〔**2**〕 **フィードバック補償** 図 10.11 (b) に示すように，適当な補償要素をフィードバック要素として局部的なフィードバックループを構成し，特性を改善する方法である。このように，それぞれの補償方法には，特徴があり，補償の目的によって使い分ける必要がある。

では，10.2 節のサーボ機構の設計例に対し，位相進み補償を行い，特性改善をしてみよう。位相進み補償における代表的な位相進み回路を図 10.12 に示す。

この回路の入出力間の伝達関数は

$$G_c(s) = K_c \alpha \frac{1 + T_1 s}{1 + \alpha T_1 s} \quad (10.22)$$

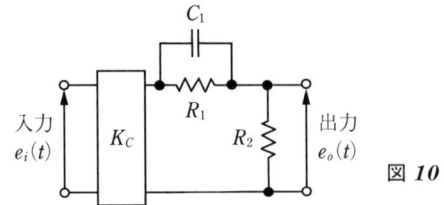

図 **10.12** 位相進み回路

となる。ここで，a，T_1 はそれぞれ

$$a = \frac{R_1}{R_1 + R_2} \qquad (0 < a < 1) \tag{10.23}$$

$$T_1 = C_1 R_1 \tag{10.24}$$

であり，K_c はゲイン補正用の増幅器である。この回路のボード線図は

$$|G_c|_{dB} = 20 \log K_c + 20 \log a + 10 \log(1 + \omega^2 T_1^2) - 10 \log(1 + a^2 \omega^2 T_1^2) \tag{10.25}$$

$$\angle G_c = \theta = \tan^{-1} \omega T_1 - \tan^{-1} a\omega T_1 \tag{10.26}$$

であるから，図 **10.13** のようになる。

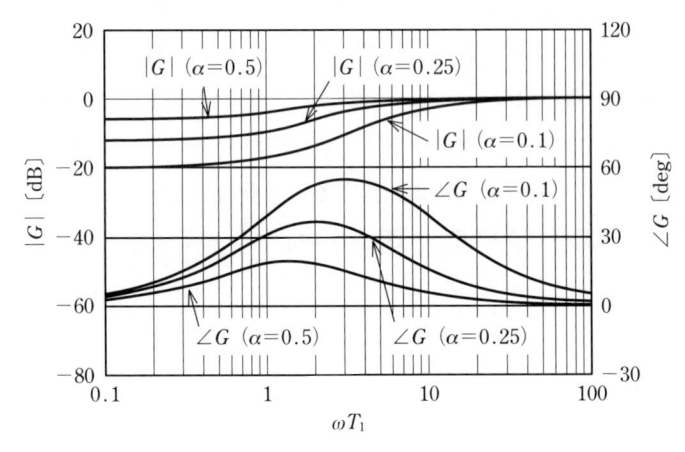

図 **10.13** 位相進み回路のボード線図（$K_c = 1$）

ボード線図から，位相進み回路においては，位相を進ませることができることがわかる。ここで，位相 θ は，式（10.26）の極値を求めることにより

10.2 サーボ機構の設計

$$\omega_p = \frac{1}{T_1\sqrt{\alpha}} \tag{10.27}$$

において最大となる。最大位相 θ_m は

$$\theta_m = \tan^{-1}\frac{1}{\sqrt{\alpha}} - \tan^{-1}\sqrt{\alpha} \tag{10.28}$$

となり，三角関数の加法定理より

$$\tan\theta_m = \frac{1-\alpha}{2\sqrt{\alpha}} \Rightarrow \alpha = \frac{1-\sin\theta_m}{1+\sin\theta_m} \tag{10.29}$$

で表される。式 (10.27)，(10.29) は位相進み補償のパラメータ α，T_1 を決定する重要な式である。では，具体的に図 **10.5** のサーボ機構のゲイン調整後の制御系にこの位相進み補償を行ってみよう。まず，改善目標を**表 10.1** のように設定する。

表 **10.1**

	補償前	補償後
安定性（位相余有）	45°	45°
速応性（ゲイン交点周波数 ω_g）	2	10

図 **10.7** のゲイン線図より，$\omega=10$ における位相は -168.7 である。すなわち，補償しなければならない位相は，$45-(180-168.7)=33.7°$ となる。よって，式 (10.27)，(10.29) より

$$\begin{cases} 10 = \dfrac{1}{T_1\sqrt{\alpha}} \\ \tan 33.7° = \dfrac{1-\alpha}{2\sqrt{\alpha}} \end{cases} \tag{10.30}$$

を満足する α，T_1 を求めると，$\alpha=0.286$，$T_1=0.187$ が得られる。さらに，$\omega_g=10$ がゲイン交点になるようにゲイン補正 K_c は，補償前のゲインと式 (10.25) から次式で求められる。

$$20\log K_c = (補償前の \omega=10 における不足ゲイン) - 20\log\sqrt{\alpha}$$

補償前の $\omega=10$ における不足ゲインは $25.1\,\mathrm{dB}$ であったので，K_c は 33.64 となる。最終的に得られる位相進み回路の伝達関数は

$$G_c(s) = 33.64 \cdot 0.286 \frac{1+0.187s}{1+0.286 \cdot 0.187s} = 9.62 \frac{1+0.187s}{1+0.0535s} \quad (10.31)$$

となる．位相進み補償後の一巡伝達関数 $G_0(s)$ は，次式のように表される．

$$G_0(s) = \frac{2.83}{s(1+0.5s)} 9.62 \frac{1+0.187s}{1+0.0535s} = \frac{27.23(1+0.187s)}{s(1+0.5s)(1+0.0535s)}$$
$$(10.32)$$

式（10.32）から，位相補償後のボード線図を描くと，**図 10.14** のようになる．

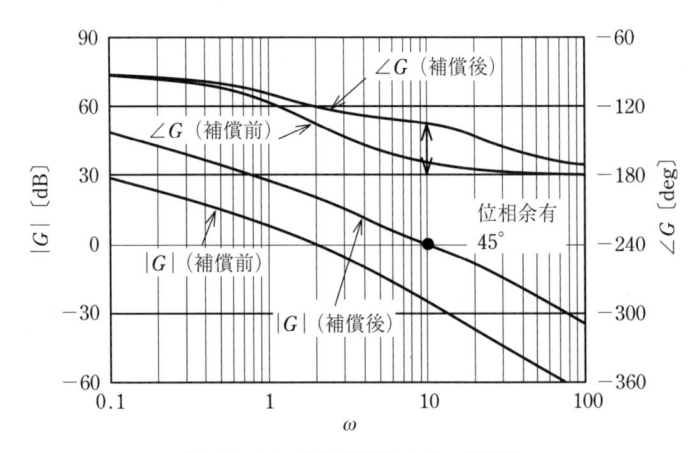

図 10.14 位相補償後のボード線図

つぎに，最大ゲイン M_p がサーボ機構の設計目標を満足するかどうかをみるために，位相補償後のゲイン線図を**図 10.15** に示す．

図から，最大ゲイン M_p は 1.36 であり，カットオフ周波数は 16.5 となる．ゲイン調整のみと比べて，最大ゲインは増加するもののサーボ機構の設計目標を満足していることがわかる．さらに，カットオフ周波数は 3.23 から 16.5 へと大幅に改善されたことがわかる．

この位相進み補償によって，速応性が改善されたことを確認するために，この制御系の入力にステップ入力を用いた時間応答を**図 10.16** に示す．

図から，位相補償前に比べて，速応性が改善されていることがわかる．ま

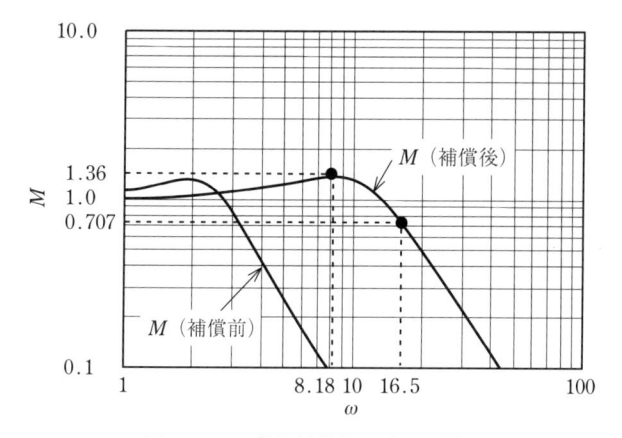

図 **10.15** 位相補償後のゲイン線図

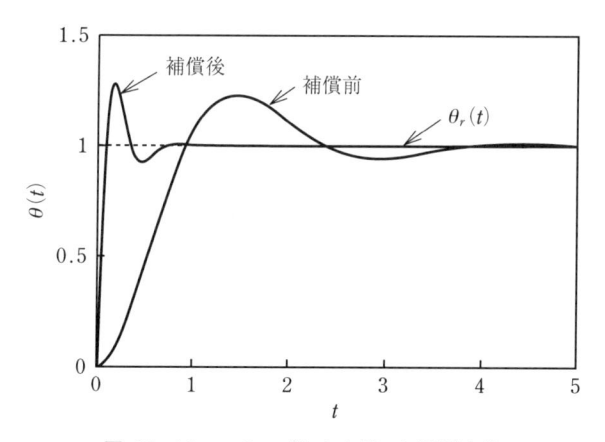

図 **10.16** ステップ入力を用いた時間応答

た，ランプ入力に対する定常偏差を求めてみると，位相補償前に比べて等価的にゲインが増加したため，位相補償前の 0.353 〔rad〕から，補償後の 0.036 〔rad〕に減少でき，定常偏差が改善されていることがわかる。

この結果では，位相進み補償を行うことで，サーボ機構の設計目標を十分に満足することがわかったが，制御目的によっては他の特性補償を行わなければならないこともあるので，臨機応変に対応してほしい。

演 習 問 題

【1】 図 10.1 の水位制御において，制御対象である水槽のステップ応答より，むだ時間 $L=2$ s，時定数 $T=60$ s，ゲイン定数 $R=1\,\mathrm{cm}/(l/\mathrm{s})$，の値が得られた。PID 調節器のパラメータ K_P，T_I，T_D はいくらの値にすればよいか。また，この場合のゲイン余有，位相余有の値を求めなさい。

【2】 図 10.17 のサーボ機構において，サーボモータの機械的時定数 $T_M=0.5$ s，電気的時定数 $T_E=0.01$ s，ゲイン定数 $K_M=20$ (rad/s)/V，ギヤ比が 20 倍 ($K_g=0.05$) であった。このサーボ機構において，位相余有を 45° にするには，比例制御器のゲイン K をいくらにすればよいか。

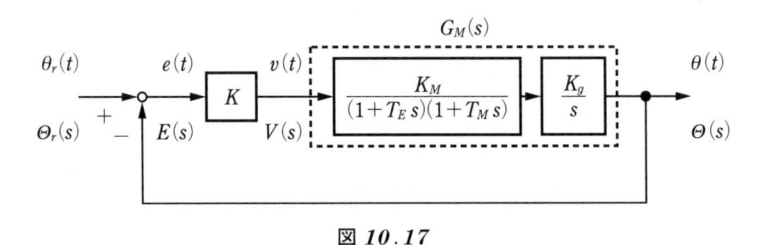

図 10.17

11

制御技術の現在と未来

　現在では，10章までに述べてきた内容は，古典制御理論と呼ばれ，フィードバック制御に重点を置いている．制御理論や技術は日々進化しており，新しい理論や技術が開発されている．しかしながら，これらは古典制御理論がベースとなって発展しており，本書の内容は，制御技術者はもとより，工学の分野では，一般的な常識となりつつあることを肝に銘じておく必要がある．ここまでに触れなかった制御問題を簡単に本章にまとめておくので，つぎのステップとして学んでもらいたい．

11.1　シーケンス制御

　フィードバック制御に劣らず実際に多く使用されている自動制御の一分野として**シーケンス制御**（sequential control）がある．古くから用いられている制御方式であり現在も未来も多く使用されると考えられる．また，身の回りを見渡したとき，シーケンス制御のほうが多いことに気付く．

　例えば，自動ドア，全自動洗濯機，踏み切りの遮断機，エレベータなどである．シーケンス制御とは，「あらかじめ定められた順序に従って，操作の段階を順次進めていく制御で，操作の終了，あるいは一定時間経過した後に，つぎの動作に移り目的を果たすもの」と定義される．このときの操作の終了や操作は，On か Off で動作し，フィードバック制御のように検出値と目標値との差により操作量を加減したり，制御量の状況を把握することはないことが，大きな違いである．つまり，スイッチ（リレー）の動作だけで組まれた制御である．シーケンス制御の動作順序の流れを図 **11.1** に示す．

11. 制御技術の現在と未来

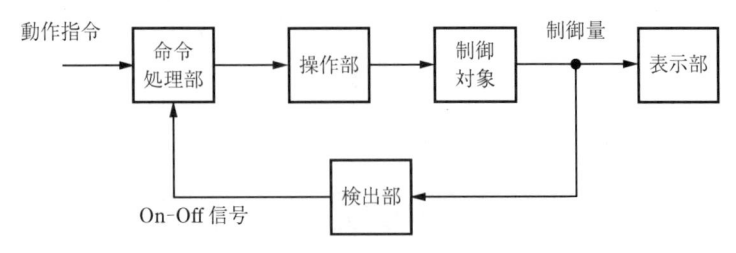

図 11.1 シーケンス制御の動作順序の流れ

シーケンス制御の動作構成は，フィードバック制御系の構成とよく似ている。しかしながら，命令処理部にフィードバックされた検出値は，制御量が一定値になったか否か（On-Off）信号であり，目標値との比較は行われず，On信号が入れば，つぎの動作に進んでいくところが，フィードバック制御とは大いに異なる。また，検出信号の代わりに，タイマー設定によりつぎの動作をさせる場合も多い。しかしながら，この組合せを工夫することで，複雑な制御や高度な制御も可能となり，On-Off のみであることから信頼性も高いことからシーケンス制御は，家庭用の自動機器や各種工場などで将来的にも重要な位置を占めている。

11.2 非線形制御

10 章まで扱ってきた制御理論は，すべて線形な方程式で表される制御系である。しかし，よく知られている On-Off 制御は偏差に対する出力は線形（単純には比例関係）ではなく，On か Off かの二つの値のみとなる。このような関係を非線形といい，非線形要素を含む自動制御系を**非線形制御系**（non-linear automatic control system）と呼ぶ。非線形制御においては，線形系の制御理論は使用できないことから，解析手法が研究され，線形系の制御理論が応用できる手法が開発された。代表的な方法はつぎの二つであり，ここでは簡単に考え方のみを紹介する。

 1） **記述関数法**（describing function method）　　周波数特性に注目し，

非線形である要素の入出力の関係をゲインと位相の情報が近似的に得られる方法であり，このことから，周波数に関する線形制御理論が適用されることになる。すなわちナイキストの安定判別も応用できることから，制御特性を求めることができる優れた方法である。

2) 位相面解析法（phase plane analysis method）　制御系の関係を表す運動方程式の状態を表す変数 $x(t)$（制御量あるいは偏差など）とその時間微分値（速度）$dx(t)/dt=y(t)$ により，制御系の状態を記述することができる。この $x(t)$ と $y(t)$ を**状態変数**（state variable）といい，$x(t)$ と $y(t)$ を直交座標軸にとる平面を**位相面**（phase plane）と呼び，時刻 t における状態変数の値は，位相面上の1点が決まる。これを状況点といい，時間経過により軌跡を描くことになる。この軌跡を**位相面軌跡**（phase plane trajectory）と呼ばれ，軌跡が原点（$x=0$，$y=0$）近づくと静止することになり，安定な系であることなどがわかる。これにより，過渡特性を得る方法である。

11.3　ディジタル制御

コンピュータの目覚ましい発達に伴い，自動制御においてもコンピュータを制御機器とした制御が増えている。コンピュータは，みなさんがよく知っているように，ディジタル信号を処理しなければならない。

10 章までの制御理論は信号が時間的に連続的であったが，これを断続的に取り出した信号に基づき制御するシステム理論は，**サンプリング制御系**（sampled control system）とも呼ばれる。これは，連続的に変化するアナログ量を非常に短い**時間間隔**（sampling time）ごとにディジタル量に変換することで，サンプリング時間でのパルス列で表すものである。そして，いままでの制御理論が応用できるように，s 関数で表し，パルス列による共通項 $e^{sT}=z$ と置くことで，z の関数となる。これを z 変換と呼び，時間 t の関数，演算子 s の関数，そして z の関数の関係から，パルス伝達関数が得られる。このように変換することで **10** 章までの理論が応用できることになる。一般的なサンプル値

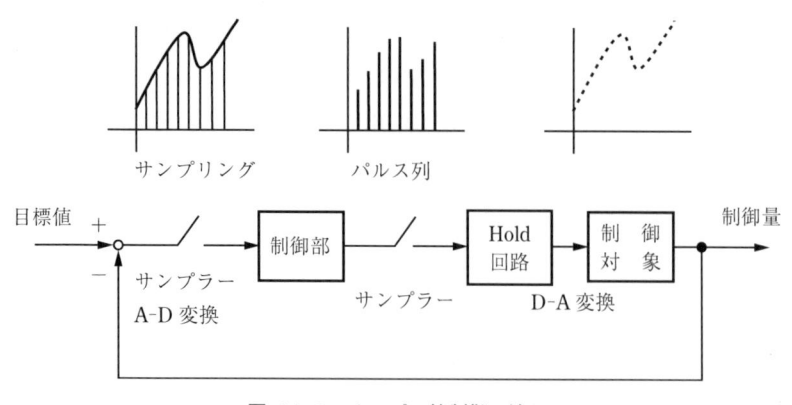

144　11. 制御技術の現在と未来

図 11.2　サンプル値制御の流れ

制御の流れを図 **11.2** に示す.

11.4　現代制御理論

　一般的に，古典制御理論が 1960 年代以前に集大成された理論であるのに対し，1960 年代以降発展してきた理論が現代制御であるといわれている．制御する対象について，ブラックボックスとして考えるか，その内部状態を把握して考えるかが，両者の基本的な違いといえる．よって，古典制御では，**10** 章までで述べてきたように，制御対象は伝達関数で記述され，入出力関係にのみ着目し，主として周波数領域で理論的展開がなされている．

　これに対し，現代制御では，制御対象は，制御対象の内部情報を表す状態変数を用いて，状態方程式によって記述され，主として時間領域上で理論展開がなされている．また，古典制御では，伝達関数によってシステムを記述するために，多入力多出力のシステムでは，内部的な相互干渉を完全に表現することは困難である．一方，現代制御では，システムは内部状態まで把握して記述されているために多入力多出力のシステムの取扱いは得意である．これらの違いを**表 11.1** に示す．

　このように，古典制御と現代制御は，「対象を自分の思いどおりに動かした

11.4 現代制御理論

表 11.1 古典制御と現代制御

	古典制御	現代制御
数学的基礎	ラプラス変換	行列演算
システムの記述	伝達関数	状態方程式
理論展開	周波数領域 (ω)	時間領域 (t)
得意なシステム	1入力1出力制御系	多入力多出力制御系

い」という基本的コンセプトは同じであるものの，制御手法が大きく違うといえる。しかしながら，どちらがよくて，どちらがわるいということではなく，それぞれによいところを備えているので，それぞれのよいところを融合した制御手法もあることを覚えていてほしい。

引用・参考文献

1) 増渕正美：自動制御，コロナ社（1976）
2) 増渕正美：自動制御例題演習，コロナ社（1971）
3) 得丸英勝ほか：自動制御，森北出版（1981）
4) 森　政弘ほか：初めて学ぶ基礎自動制御，東京電機大学出版局（1994）
5) 斉藤制海ほか：制御理論，森北出版（2003）
6) 栗本　尚：グラフィック制御工学入門，コロナ社（1994）
7) 示村悦二郎：自動制御とは何か，コロナ社（1990）
8) 土屋武士ほか：基礎システム制御工学，森北出版（2001）
9) 吉川恒夫：古典制御理論，昭晃堂（2004）
10) 近藤文治ほか：基礎制御工学，森北出版（1977）
11) 奥田　豊ほか：改訂 自動制御工学，コロナ社（1984）
12) 片山　徹：フィードバック制御の基礎，朝倉書店（1987）
13) 稲葉正太郎：自動制御入門，丸善（1979）

演習問題解答

1章

【1】 解図 **1.1** のようにフロートの高さにより，フロートに連動しているバルブが開閉する仕掛けになっている。

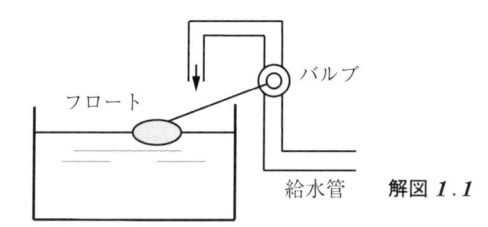

解図 **1.1**

【2】 CdS センサが使われる。原理は各自調べること。

【3】 バイメタルが使用される。原理は各自調べること。

【4】，【5】，【6】は各自で調べること。

2章

【1】 周期 $T=0.2$ s より，$\omega=31.4$ rad/s

$t=0$ のとき，$x(0)=A\sin\varphi=0.5$ cm，∴ $\varphi=14.5°=0.253$ rad

三角関数表示：$x(t)=2\sin(31.4t+0.253)$

極座標表示：$x(t)=2e^{j(31.4t+0.253)}$

【2】 $|s|=\sqrt{3^2+4^2}=5$，$\angle s=\tan^{-1}\dfrac{4}{3}=53.1°$

【3】 $\mathscr{L}[A\cos\omega t]=\dfrac{A}{2}\int(e^{j\omega t}-e^{-j\omega t})e^{-st}dt=\dfrac{As}{s^2+\omega^2}$

【4】 （1） $F(s)=\dfrac{1}{s}+\dfrac{2}{s^2}+\dfrac{6}{s^3}$ （2） $F(s)=\dfrac{1}{(s-2)^2}$

（3） $F(s)=\dfrac{2s}{s^2+4}+\dfrac{9}{s^2+9}$ （4） $F(s)=\dfrac{2}{(s-1)^2+4}$

【5】 （1） $f(t)=e^{-2t}\cos t+e^{-2t}\sin t$ （2） $f(t)=u(t)+2t$

（3） $f(t)=e^{-0.5t}\sin(\sqrt{2}\,t)$ （4） $f(t)=t^2-2t+2u(t)-2e^{-t}$

【6】 $\mathcal{L}\left[\dfrac{d^2x(t)}{dt^2}+0.2\dfrac{dx(t)}{dt}+x(t)\right]=\mathcal{L}[\delta(t)],$

$s^2X(s)-sx(0)-x'(0)+0.2\{sX(s)-x(0)\}+X(s)=1$

$X(s)=\dfrac{s+1.2}{s^2+0.2s+1}=\dfrac{s+0.1}{(s+0.1)^2+(\sqrt{0.99})^2}+\dfrac{1.1}{\sqrt{0.99}}\dfrac{\sqrt{0.99}}{(s+0.1)^2+(\sqrt{0.99})^2}$

$x(t)=e^{-0.1t}(\cos\sqrt{0.99}\,t+1.1\sin\sqrt{0.99}\,t)$

二次遅れ要素にインパルス入力が入った場合の応答となる。

3章

【1】 $M\dfrac{d^2x(t)}{dt^2}=-kx(t)+f(t),\quad G(s)=\dfrac{X(s)}{F(s)}=\dfrac{1}{Ms^2+k}$

【2】 $M\dfrac{d^2y(t)}{dt^2}=-c\dfrac{dy(t)}{dt}-ky(t)+x(t),\quad G(s)=\dfrac{Y(s)}{X(s)}=\dfrac{1}{Ms^2+cs+k}$

$X(s)=\dfrac{A\omega}{s^2+\omega^2},\quad Y(s)=\dfrac{1}{Ms^2+cs+k}\cdot\dfrac{A\omega}{s^2+\omega^2}$

【3】 $G(s)=\dfrac{E_o(s)}{E_i(s)}=\dfrac{1}{LCs^2+CRs+1}$

【4】 $C\dfrac{dh(t)}{dt}=q_i(t),\quad G(s)=\dfrac{H(s)}{Q_i(s)}=\dfrac{1}{Cs}$, 積分要素

4章

【1】 $C_1\dfrac{dh_1(t)}{dt}=q_i(t)-q_{12}(t)-q_o(t),\ \to C_1sH_1(s)=Q_i(s)-Q_{12}(s)-Q_o(s)$

$C_2\dfrac{dh_2(t)}{dt}=q_{12}(t),\ \to C_2sH_2(s)=Q_{12}(s),$

$q_o(t)=\dfrac{1}{R_1}h_1(t),\ \to Q_o(s)=\dfrac{1}{R_1}H_1(s)$

$q_{12}(t)=\dfrac{1}{R_{12}}(h_1(t)-h_2(t)),\ \to Q_{12}(s)=\dfrac{1}{R_{12}}(H_1(s)-H_2(s))$

ブロック線図を**解図 4.1** に示す。

【2】 図 (a) $\dfrac{G_1G_2}{1+G_1G_2(G_3-G_4)}$ 図 (b) $\dfrac{G_1G_3}{1+G_1G_2+G_1G_3G_4}$

図 (c) $\dfrac{(G_1+G_2)G_3}{1+(G_1+G_2)G_3G_4}$ 図 (d) $\dfrac{G_1G_2}{1+G_1G_2}$

図 (e) $\dfrac{G_1}{1+G_1G_2(1+G_3)}$ 図 (f) $\dfrac{G_1G_2G_3}{1+G_1G_2G_4+G_2G_3}$

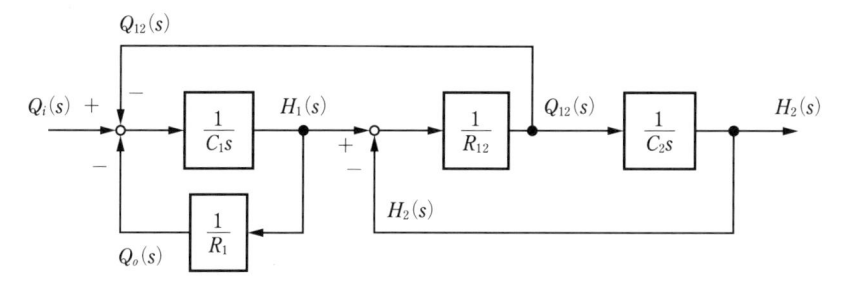

解図 **4.1**

図 (g)　$D(s)=0$: $\dfrac{Y(s)}{V(s)} = \dfrac{G_1 G_2 G_3 G_5}{1+G_1 G_2 G_3 G_5 G_6 + G_3 G_4}$

$V(s)=0$: $\dfrac{Y(s)}{D(s)} = \dfrac{(1+G_3 G_4) G_5 G_7}{1+G_1 G_2 G_3 G_5 G_6 + G_3 G_4}$

5章

【1】 $M\dfrac{d^2 x(t)}{dt^2} = -kx(t) + f(t)$,　$G(s) = \dfrac{X(s)}{F(s)} = \dfrac{1}{Ms^2+k}$

$F(s) = \mathscr{L}[f(t)] = \mathscr{L}[\delta(t)] = 1$

$x(t) = \mathscr{L}^{-1}\left[\dfrac{1}{Ms^2+k}\right] = \mathscr{L}^{-1}\left[\dfrac{\dfrac{1}{M}}{s^2+\dfrac{k}{M}}\right] = \mathscr{L}^{-1}\left[\dfrac{\sqrt{\dfrac{k}{M}}}{s^2+\left(\sqrt{\dfrac{k}{M}}\right)^2}\sqrt{\dfrac{1}{Mk}}\right]$

$x(t) = \dfrac{1}{M\omega_n}\sin\omega_n t$ 　$\left(\omega_n{}^2 = \dfrac{k}{M}\right)$

【2】 $G(s) = \dfrac{Y(s)}{R(s)} = \dfrac{K_a\dfrac{1}{s(2s+1)}}{1+K_a\dfrac{1}{s(2s+1)}} = \dfrac{k_a}{2s^2+s+k_a}$

$Y(s) = \dfrac{\dfrac{3.25}{2}}{s^2+\dfrac{1}{2}s+\dfrac{3.25}{2}} \cdot \dfrac{1}{s} = \dfrac{K_0}{s} + \dfrac{K_1 s + K_2}{\left(s+\dfrac{1}{4}\right)^2+\left(\dfrac{5}{4}\right)^2}$

$K_0 = 1$,　$K_1 = -1$,　$K_2 = -\dfrac{1}{2}$

$Y(s) = \dfrac{1}{s} - \dfrac{s+\dfrac{1}{2}}{\left(s+\dfrac{1}{4}\right)^2 + \left(\dfrac{5}{4}\right)^2}$

$$y(t) = 1 - \frac{\sqrt{\left(\frac{1}{2}-\frac{1}{4}\right)^2 + \left(\frac{5}{4}\right)^2}}{\frac{5}{4}} e^{-\frac{1}{4}t} \sin\left(\frac{5}{4}t + \varphi\right),$$

$$\varphi = \tan^{-1} \frac{\frac{5}{4}}{\frac{1}{2}-\frac{1}{4}} = \tan^{-1}(5)$$

【3】 伝達関数 $G(s) = \dfrac{H_2(s)}{H_v(s)} = \dfrac{KR_2}{(1+T_1s)(1+T_2s) + KR_2}$

ただし，時定数 $T_1 = 20$ s, $T_2 = 5$ s, ゲイン定数 $K = 10$ (cm³/s)/cm, 抵抗 $R_2 = 0.3$ cm/(cm³/s)

$$H_2(s) = \frac{10 \times 0.3}{(20s+1)(5s+1) + 10 \times 0.3} \cdot \frac{5}{s} = \frac{3}{100s^2 + 25s + 4} \cdot \frac{5}{s}$$

$$= \frac{0.15}{s(s^2 + 0.25s + 0.04)} = \frac{0.15}{s(s^2 + 2\zeta\omega_n s + \omega_n^2)}$$

$\omega_n = 0.2$, $\zeta = 0.625$ $(0 < \zeta < 1)$ より，式 (5.6) と同じになり

$$h_2(t) = 3.75 \left\{1 - \frac{e^{-0.125t}}{0.78} \sin(0.156t + \varphi)\right\}, \quad \varphi = \tan^{-1} 1.248$$

となる。

【4】 $y(t) = K\left(1 - e^{-\frac{1}{T}t}\right) + 5$ 〔cm〕, $y(\infty) = 10.00$ 〔cm〕,

$y(1) = 5\left(1 - e^{-\frac{1}{T}}\right) = 5.91 - 5 = 0.91$ cm, $e^{-\frac{1}{T}} = 1 - \dfrac{0.91}{5} = 0.818$,

$\ln\left(e^{-\frac{1}{T}}\right) = \ln 0.818$, $\therefore -\dfrac{1}{T} = -0.201$, $T = 5$ s, $t = 4T = 20$ s

$y(4T) = 5\left(1 - e^{-\frac{1}{T}4T}\right) = 5(1 - e^{-4}) = 5(1 - 0.0183) = 5 \times 0.982$ cm

最終値の 98.2％ となり，一般的には，この $t = 4T$ でほぼ最終値になる時間の目安として使われ，整定時間と呼ばれる。

【5】 インパルス応答

$$Y(s) = \frac{\frac{1}{M}}{s^2 + 2\zeta\omega_n s + \omega_n^2} \cdot 1 = \frac{\frac{1}{M}}{(s-s_1)(s-s_2)} = \frac{K_1}{s-s_1} + \frac{k_2}{s-s_2}$$

$s_1, s_2 = -\zeta\omega_n \pm \omega_n\sqrt{\zeta^2 - 1}$

（1） $\zeta = 0$, $s_1, s_2 = \pm j\omega_n$, $K_1 = \dfrac{\frac{1}{M}}{2j\omega_n}$, $K_2 = \dfrac{\frac{1}{M}}{-2j\omega_n}$,

$$y(t) = \frac{1}{M\omega_n} \sin\omega_n t$$

(2) $0<\zeta<1$, s_1, $s_2=-\zeta\omega_n\pm j\omega_n\sqrt{1-\zeta^2}$,
$$y(t)=\frac{1}{M\omega_n\sqrt{1-\zeta^2}}e^{-\zeta\omega t}\sin\omega_n\sqrt{1-\zeta^2}\,t$$

(3) $\zeta=1$, s_1, $s_2=-\omega_n$, $y(t)=\dfrac{1}{M}te^{-\omega_n t}$

(4) $\zeta>1$, s_1, $s_2=-\zeta\omega_n\pm\omega_n\sqrt{\zeta^2-1}$,
$$y(t)=\frac{1}{M\omega_n\sqrt{\zeta^2-1}}e^{-\zeta\omega t}\sinh(\omega_n\sqrt{\zeta^2-1}\,t)$$

6章

【1】 ベクトル軌跡を**解図 6.1**，ボード線図を**解図 6.2** に示す。

(1) $|G(j\omega)|=\dfrac{5}{\sqrt{1+(0.2\omega)^2}}$, $\angle G(j\omega)=\tan^{-1}(-0.2\omega)$

(2) $|G(j\omega)|=\dfrac{5}{\sqrt{1+(0.2\omega)^2}}$, $\angle G(j\omega)=\tan^{-1}(-0.2\omega)-0.1\omega\dfrac{180}{\pi}$

(3) $|G(j\omega)|=\dfrac{10}{\omega\sqrt{1+(0.2\omega)^2}}$, $\angle G(j\omega)=-90°+\tan^{-1}(-0.2\omega)$

(4) $|G(j\omega)|=\dfrac{10\sqrt{1+(0.01\omega)^2}}{\sqrt{1+(0.2\omega)^2}}$,

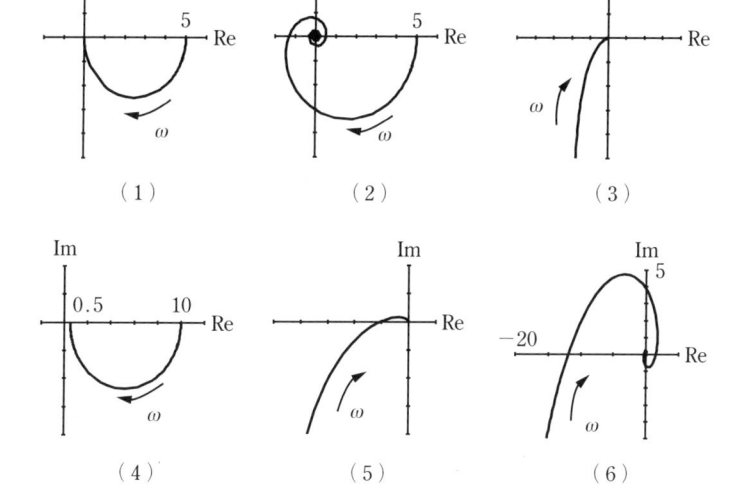

解図 6.1 ベクトル軌跡

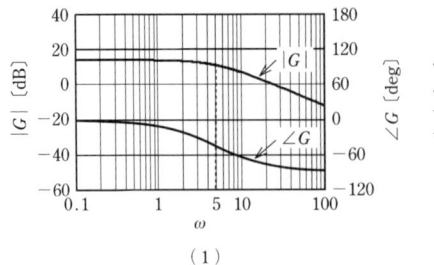

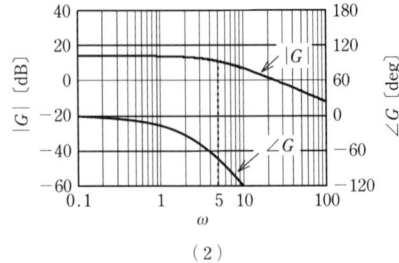

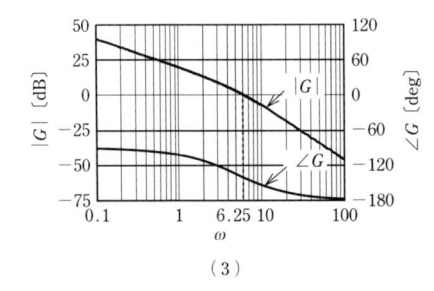

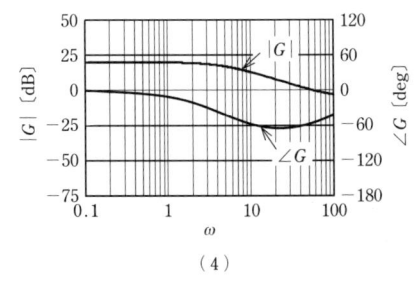

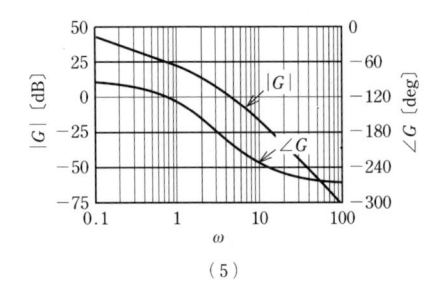

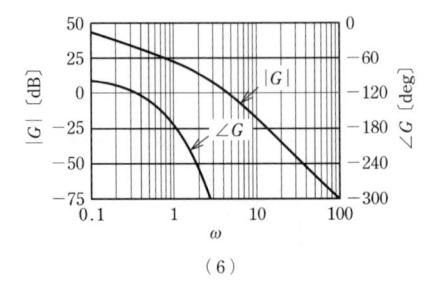

解図 6.2 ボード線図

$$\angle G(j\omega) = \tan^{-1}(0.01\omega) + \tan^{-1}(-0.2\omega)$$

(5) $\quad |G(j\omega)| = \dfrac{1}{\omega} \cdot \dfrac{15}{\sqrt{1+(0.2\omega)^2}} \cdot \dfrac{1}{\sqrt{1+(0.5\omega)^2}},$

$$\angle G(j\omega) = -90° + \tan^{-1}(-0.5\omega) + \tan^{-1}(-0.2\omega)$$

(6) $\quad |G(j\omega)| = \dfrac{1}{\omega} \cdot \dfrac{15}{\sqrt{1+(0.2\omega)^2}} \cdot \dfrac{1}{\sqrt{1+(0.5\omega)^2}},$

$$\angle G(j\omega) = -90° + \tan^{-1}(-0.5\omega) + \tan^{-1}(-0.2\omega) - 0.8\omega \dfrac{180}{\pi}$$

【2】（1） $G(s) = \dfrac{\dfrac{5}{6}}{1 + \dfrac{0.2}{6}s}$, $|G(j\omega)| = \dfrac{5}{6} \cdot \dfrac{1}{\sqrt{1 + \left(\dfrac{0.2}{6}\omega\right)^2}}$,

$\angle G(j\omega) = \tan^{-1}\left(-\dfrac{0.2}{6}\omega\right)$

折れ点周波数 ω_c は，$(0.2/6) \times \omega = 1$ より $\omega_c = 30$ となる。ボード線図を**解図 6.3** に示す。

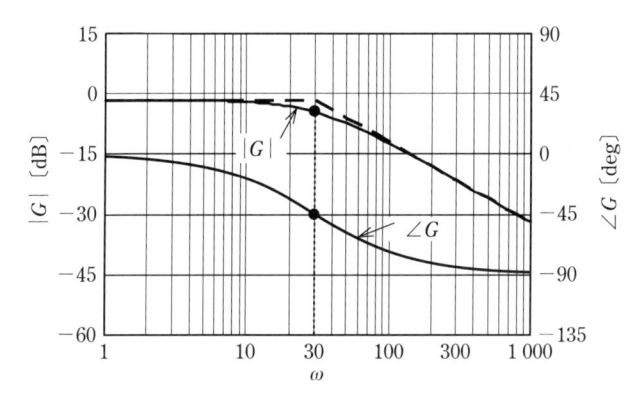

解図 6.3 ボード線図

（3） $G(s) = \dfrac{\dfrac{10}{s(1+0.2s)}}{1 + \dfrac{10}{s(1+0.2s)}} = \dfrac{10}{0.2s^2 + s + 10} = \dfrac{50}{s^2 + 5s + 50}$

$= \dfrac{\omega_n^2}{s^2 + 2\zeta\omega_n s + \omega_n^2}$

ゆえに，$\omega_n = 7.07$, $\zeta = 0.354$

$|G(j\omega)| = \dfrac{1}{\sqrt{\left\{1 - \left(\dfrac{\omega}{\omega_n}\right)^2\right\}^2 + \left(2\zeta\dfrac{\omega}{\omega_n}\right)^2}}$

$= \dfrac{1}{\sqrt{\left\{1 - \left(\dfrac{\omega}{7.07}\right)^2\right\}^2 + \left(2 \times 0.354 \dfrac{\omega}{7.07}\right)^2}}$

$\angle G(j\omega) = -\tan^{-1}\dfrac{2\zeta\dfrac{\omega}{\omega_n}}{1 - \left(\dfrac{\omega}{\omega_n}\right)^2} = -\tan^{-1}\dfrac{2 \times 0.354 \dfrac{\omega}{7.07}}{1 - \left(\dfrac{\omega}{7.07}\right)^2}$

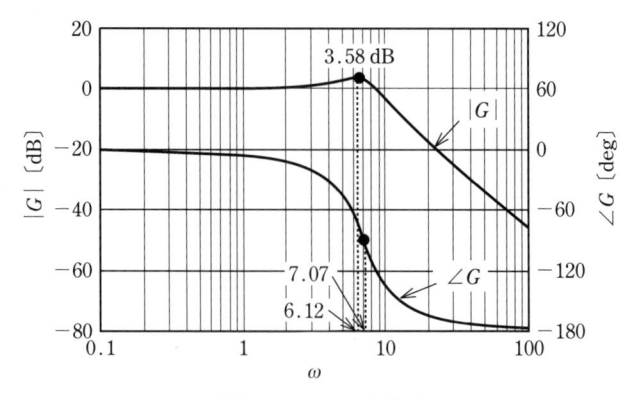

解図 6.4 ボード線図

$M_p=1.51$, 3.58 dB, $\omega_p=6.12$ rad/s となる。ボード線図を**解図 6.4**に示す。特性については，各自整理すること。

7章

【1】 図 (a)　$1+K\dfrac{1}{s(s+a)}=0$,　$s^2+as+K=0$

　　　図 (b)　$1+K\dfrac{1}{s(s+a)}=0$,　$s^2+as+K=0$

　　　図 (c)　$1+\dfrac{K}{s}\cdot\dfrac{5}{(s+1)(s+2)}=0$,　$s^3+3s^2+2s+5K=0$

　　　図 (d)　$1+Ks\dfrac{10}{s^2+2s+1}=0$,　$s^2+(2+10K)s+1=0$

【2】 (1)　$a=4$, $K=1$　$s^2+4s+1=0$,　$s_1, s_2=-2\pm\sqrt{4-1}$

　　　　　　$a=4$, $K=2$　$s^2+4s+2=0$,　$s_1, s_2=-2\pm\sqrt{4-2}$

　　　　　　$a=4$, $K=4$　$s^2+4s+4=0$,　$s_1, s_2=-2\pm\sqrt{4-4}$

　　　　　　$a=4$, $K=6$　$s^2+4s+6=0$,　$s_1, s_2=-2\pm\sqrt{4-6}$

　　　　　特性根配置とステップ応答を**解図 7.1**に示す。

　　　(2)　$a=-2$, $K=1$　$s^2-2s+1=0$,　$s_1, s_2=1\pm\sqrt{1-1}$

　　　　　　$a=-2$, $K=2$　$s^2-2s+2=0$,　$s_1, s_2=1\pm\sqrt{1-2}$

　　　　　　$a=-2$, $K=4$　$s^2-2s+4=0$,　$s_1, s_2=1\pm j\sqrt{3}$

　　　　　特性根配置とステップ応答を**解図 7.2**に示す。

演 習 問 題 解 答   155

(a) $K=1$

(b) $K=2$

(c) $K=4$

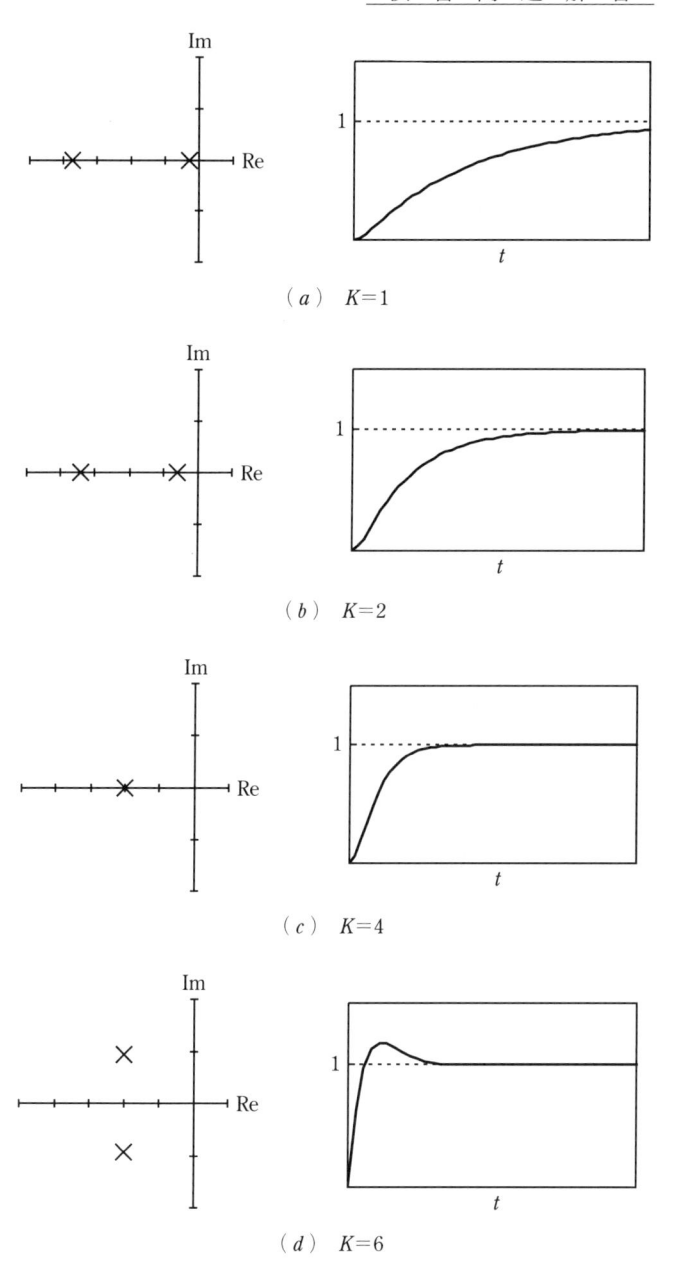

(d) $K=6$

解図 7.1 特性根配置とステップ応答

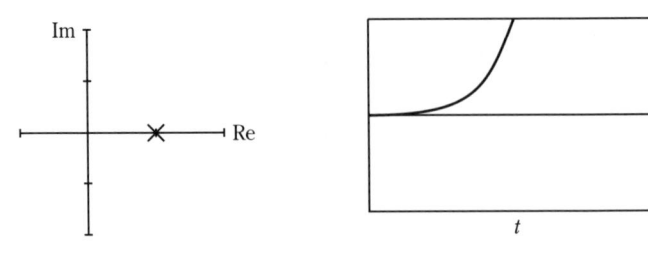

(a) $K=1$

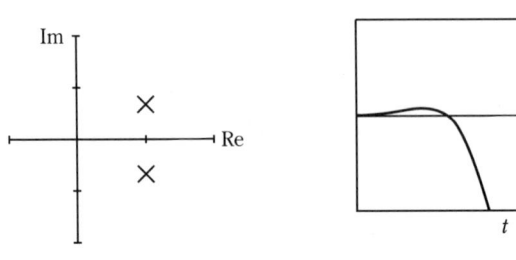

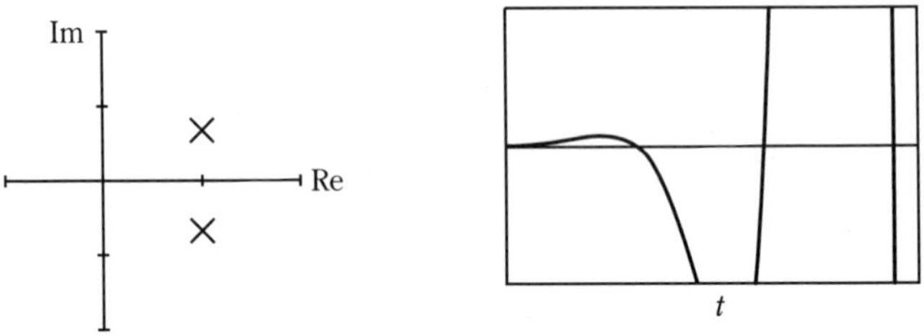

(b) $K=2$

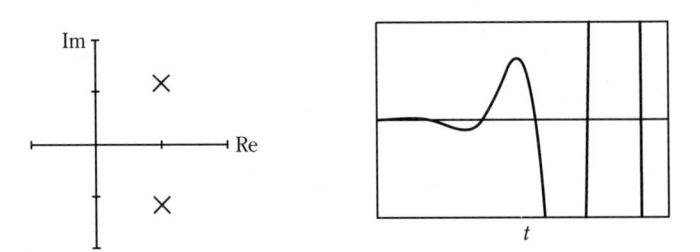

(c) $K=4$

解図 7.2 特性根配置とステップ応答

【3】 それぞれの根軌跡を解図 7.3 に示す。

演習問題解答 *157*

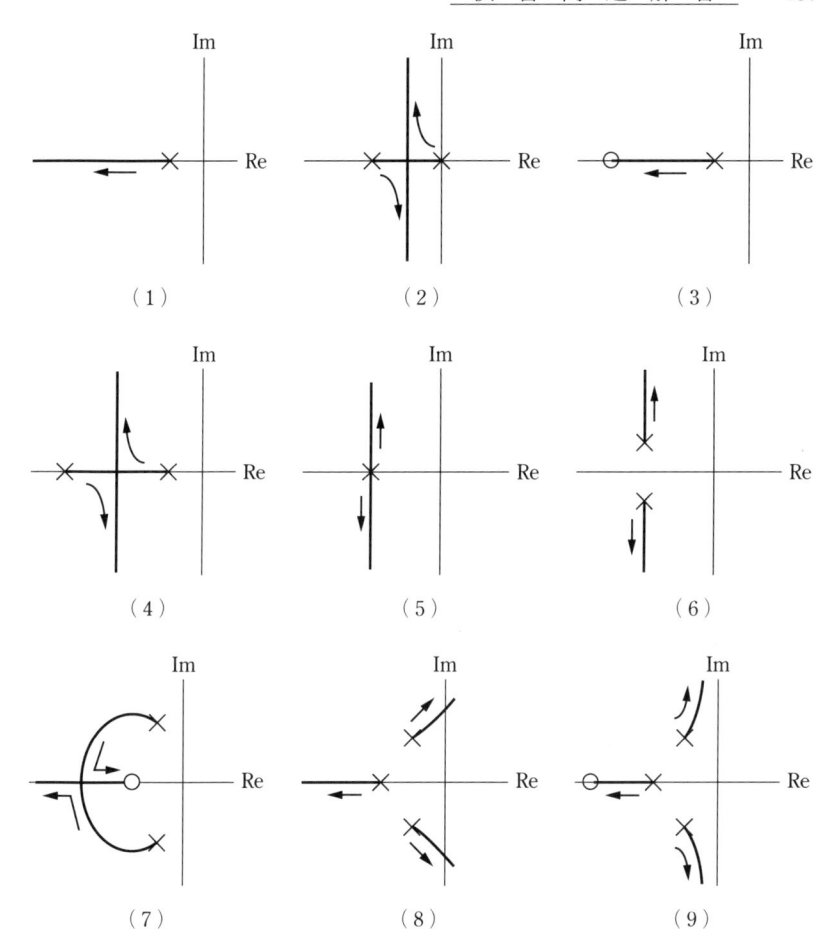

解図 *7.3* 根軌跡の概略

8章

【1】 $1+\dfrac{K}{s(1+s)(1+0.2s)(1+0.3s)}=0$ $0.06s^4+0.56s^3+1.5s^2+s+K=0$

すべての係数があり，同符号である．フルビッツ，ラウスの安定判別法が使える．

　　フルビッツの安定判別，$i=n-1=3$

$$\Delta_2=\begin{vmatrix} 0.56 & 1 \\ 0.06 & 1.5 \end{vmatrix}=0.56\times 1.5-1\times 0.06>0$$

$$K=1 \quad \Delta_3 = \begin{vmatrix} 0.56 & 1 & 0 \\ 0.06 & 1.5 & K \\ 0 & 0.56 & 1 \end{vmatrix}$$
$$= 0.56 \times 1.5 \times 1 - 0.56 \times 0.56 \times K - 1 \times 1 \times 0.06 > 0$$

安定である。

$$K=2 \quad \Delta_3 = \begin{vmatrix} 0.56 & 1 & 0 \\ 0.06 & 1.5 & K \\ 0 & 0.56 & 1 \end{vmatrix} = 0.153 > 0 \quad 安定である。$$

$$K=4 \quad \Delta_3 = \begin{vmatrix} 0.56 & 1 & 0 \\ 0.06 & 1.5 & K \\ 0 & 0.56 & 1 \end{vmatrix} = -0.474 < 0 \quad 不安定になる。$$

ラウスの安定判別

$K=1$

s^4	0.06	1.5	K
s^3	0.56	1	0
s^2	$\dfrac{0.56 \times 1.5 - 0.06 \times 1}{0.56} = 1.39$	$\dfrac{0.56K}{0.56} = K$	0
s^1	$\dfrac{1.39 \times 1 - 0.56K}{1.39} = 0.597$	$\dfrac{0-0}{1.39} = 0$	0
s^0	$\dfrac{0.597K}{0.597} = K = 1$		

$K=1$ の第1列の値は,0.06,0.56,1.39,0.597,1 となり,同符号であり安定である。

$K=2$ の第1列の値は,0.06,0.56,1.39,0.194,2 となり,同符号であり安定である。

$K=4$ の第1列の値は,0.06,0.56,1.39,-0.611,4 となり,符号が2回替わることから2個の正の特性根があり不安定である。

【2】 一巡伝達関数 $G_0(s)$ は

$$G_0(s) = \frac{2K}{1+5s} e^{-0.2s} \quad \angle G_0(j\omega) = \tan^{-1}(-5\omega) - 0.2\omega \frac{180°}{\pi} = -180°$$

より,$\omega = 7.98$ rad/s である。この場合のゲインは

$$|G_0(j\omega)| = \left[\frac{2K}{\sqrt{1+(5\omega)^2}} \right]_{\omega=7.98} = 0.562 \quad (-5 \text{ dB})$$

となる。ゆえに,$K=11.22$ である。位相余有は

$$|G_0(j\omega)| = \left[\frac{2 \times 11.22}{\sqrt{1+(5\omega)^2}}\right] = 1$$

より，$\omega = 4.48$ rad/s である。この場合の位相は

$$\angle G_0(j\omega) = \tan^{-1}(-5 \times 4.48) - 0.2 \times 4.48 \frac{180°}{\pi} = -138.8°$$

となり，位相余有は $41.2°$ である。

9章

【1】 $Y(s) = \dfrac{K}{5s+K+1}R(s) + \dfrac{5s+1}{5s+K+1}D(s)$

$E(s) = \dfrac{5s+1}{5s+K+1}\{R(s) - D(s)\}$

(1) $D(s) = 0$

a) 安定性：一巡伝達関数が

$$G_0(s) = \frac{K}{1+5s}$$

より，根軌跡 $K > 0$ で安定である。

b) 速応性：ステップ応答が

$$y(t) = \mathscr{L}^{-1}\left[\frac{K}{5s+K+1} \cdot \frac{1}{s}\right] = \frac{K}{K+1}\left\{1 - e^{-\frac{K+1}{5}t}\right\}$$

より，K が大きいほど，速応性はよい。

c) 定常偏差：偏差が

$$e(t) = \lim_{s \to 0}\{sE(s)\} = \lim_{s \to 0}\left\{s\frac{5s+1}{5s+K+1} \cdot \frac{1}{s}\right\} = \frac{1}{K+1}$$

より，K が大きいほど，定常偏差は小さくなる。

(2) $R(s) = 0$

d) 安定性：一巡伝達関数 $G_0(s)$ は $D(s) = 0$ と同じであるから，安定である。

e) 定常偏差：

$$e(t) = \lim_{s \to 0}\{sE(s)\} = \lim_{s \to 0}\left\{s\frac{5s+1}{5s+K+1} \cdot 1\right\} = 0$$

となり，偏差は残らない。

【2】 (1) $D(s) = 0$

a) 安定性：一巡伝達関数が

$$G_0(s) = \frac{K}{s(1+4s)}$$

より，根軌跡 $K>0$ で安定である。

b) 速応性：

$$\text{ステップ応答 } y(t) = \mathscr{L}^{-1}\left[\frac{K}{s^2+\frac{1}{4}s+\frac{K}{4}} \cdot \frac{1}{s}\right]$$

$$= \mathscr{L}^{-1}\left[\frac{\omega_n^2}{s^2+2\zeta\omega_n s+\omega_n^2} \cdot \frac{1}{s}\right]$$

$K>1/16$ の場合

$$y(t) = 1 - \frac{e^{-\zeta\omega_n t}}{\sqrt{1-\zeta^2}}\sin(\omega_n\sqrt{1-\zeta^2}t+\varphi)$$

となり，K には無関係である。整定時間は，$4\times T = 4\times 8 = 32$ s となる。

c) 定常偏差：

$$e(t) = \lim_{s\to 0}\{sE(s)\} = \lim_{s\to 0}\left\{s\frac{s(4s+1)}{s(4s+1)+K} \cdot \frac{1}{s}\right\} = \frac{0}{K} = 0$$

となり，定常偏差は残らない。

（2） $R(s)=0$

d) 安定性：一巡伝達関数 $G_0(s)$ は $D(s)=0$ と同じであるから，安定である。

e) 定常偏差：

$$e(t) = \lim_{s\to 0}\{sE(s)\} = \lim_{s\to 0}\left\{s\frac{s(4s+1)}{s(4s+1)+K} \cdot 1\right\} = 0$$

となり，偏差は残らない。

【3】 一巡伝達関数 $G_0(s) = \dfrac{K}{s(1+4s)} \cdot e^{-0.5s}$

$$\angle G(j\omega) = -90° - \tan^{-1}(4\omega) - 0.5\omega \cdot \frac{180°}{\pi} = -155° \text{ より}$$

$$\omega = 0.355 \text{ rad/s}$$

このとき

$$|G(j\omega)| = \left[\frac{K}{\omega\sqrt{1+(4\omega)^2}}\right]_{\omega=0.355} = 1$$

であることから，$K=0.617$ となる。

ゲイン余有は，位相が $180°$ のとき

$$\angle G(j\omega) = -90° - \tan^{-1}(4\omega) - 0.5\omega \cdot \frac{180°}{\pi} = -180°$$

より，$\omega = 0.69$ rad/s となる。このとき

$$|G(j\omega)|_{dB}=20\ \log\left[\frac{0.617}{\omega\sqrt{1+(4\omega)^2}}\right]_{\omega=0.69}=-10\ \text{dB}$$

より，ゲイン余有 10 dB である．

10 章

【1】 $K_p=1.2\,T/L=36,\ T_I=2L=4\ \text{s},\ T_D=0.5L=1\ \text{s}$，

$$|G(j\omega)|=\frac{36}{\sqrt{1+(60\omega)^2}}\sqrt{1+0.25\left(2\omega-\frac{1}{2\omega}\right)^2}=1$$

より，$\omega=0.612\ \text{rad/s}$ である．この場合の位相は

$$\angle G(j\omega)=\tan^{-1}\left\{\sqrt{\frac{1}{4}}\left(\sqrt{4}\,\omega-\frac{1}{\sqrt{4}\,\omega}\right)\right\}-\tan^{-1}(60\omega)-2\omega\,\frac{180°}{\pi}$$
$$=-147°$$

となり，位相余有は 33° となる．また

$$\angle G(j\omega)=\tan^{-1}\left\{\sqrt{\frac{1}{4}}\left(\sqrt{4}\,\omega-\frac{1}{\sqrt{4}\,\omega}\right)\right\}-\tan^{-1}(60\omega)-2\omega\,\frac{180°}{\pi}$$
$$=-180°$$

になる ω は，$\omega=1.176\ \text{rad/s}$ となり，このときのゲインは

$$|G(j\omega)|=\frac{36}{\sqrt{1+(60\omega)^2}}\sqrt{1+0.25\left(2\omega-\frac{1}{2\omega}\right)^2}=0.708$$

となり，ゲイン：$|G(j\omega)|_{dB}=-2.99\ \text{dB}$ であることから，ゲイン余有は 3 dB となる．

【2】 このサーボ機構の一巡伝達関数 $G_0(s)$ は

$$G_0(s)=\frac{K}{s(1+0.01s)(1+0.5s)}$$

であるから，位相余有 45° になる ω は

$$\angle G_0(j\omega)=-90°-\tan^{-1}0.01\omega-\tan^{-1}0.5\omega$$

より，$\omega=1.924\ \text{rad/s}$ となる．この場合の ω がゲイン交点周波数になればよいので，ゲイン K は

$$K=10^{\log\omega-\log(\sqrt{1+(0.01\omega)^2})-\log(\sqrt{1+(0.5\omega)^2})}$$

より，2.67 となる．

索　　引

【あ】

安　定	92
安定限界	93
安定限界点	100
安定性	117
安定判別法	106

【い】

位　相	13, 67, 69
位相遅れ補償	135
位相交点	111, 118
位相進み遅れ補償	135
位相進み補償	135
位相ずれ	67, 69
位相面	143
位相面解析法	143
位相面軌跡	143
位相余有	112
一次遅れ要素	28
——の応答	50
一巡伝達関数	95, 110
インディシャル応答	46
インパルス応答	46
インパルス入力	46

【え】

| 演算子 | 14 |

【お】

オイラーの公式	16
応　答	45
遅れ時間	67
折れ点周波数	72

【か】

開回路特性	84
外　乱	46, 120
角　度	68
過減衰	59
カットオフ周波数	72, 118
角周波数	11, 12
過渡特性	66

【き】

機械振動系	33
機械的時定数	129
擬似微分要素	74
記述関数法	142
基準電圧	6
基準入力	45
逆ラプラス変換	18
共役複素数	21
行列式	106
極	96, 97
極座標	12
極配置	101
虚数部	13, 68

【く】

| 加え合わせ点 | 5 |

【け】

ゲイン	67, 69
ゲイン交点	111, 118
ゲイン定数	60
ゲイン余有	112
限界感度法	128
検　出	2

検出値	2, 6
減衰係数	58, 62
減衰振動	58

【こ】

合流点	99
固有角振動数	54
固有振動数	62
根軌跡	95
——の基礎条件	95
——の利用法	100
根軌跡法	93

【さ】

最終値の定理	17
最大ゲイン	118, 132
差動変圧器	6, 27
サーボ機構	118, 125
三角関数	12
サンプリング時間	143
サンプリング制御系	143
サンプル値制御	143

【し】

時間応答	45
時間間隔	143
時間的経過	45
時間的なずれ	67
ジーグラーとニコルスの調整法	128
シーケンス制御	141
指数関数	12
持続振動	58
実数部	13, 68
時定数	28, 60

索引

自動制御	2	設計目標	134	内部状態	144
周　期	11	絶対値	13, 68	【に】	
重　根	21	絶対値条件	95		
収　束	92	漸近線が実軸と交わる点	98	ニコルス線図	84
終　点	97	漸近線の方向	98	二次遅れ要素	32
周波数	11	線形化近似	8, 61	——の応答	54
周波数応答	66	線形性	16	入　力	35
周波数伝達関数	69	【そ】		【ね】	
周波数特性	66				
出発点	97	操　作	3	ネガティブフィードバック	89
出　力	35	操作量	2, 89		
手動制御	2	速応性	117	粘性摩擦トルク	130
状態変数	143, 144	【た】		【は】	
状態方程式	144				
初期位相角	11	畳込み積分	17	発　散	93
初期値の定理	17	立上り時間	63	発散振動	59
信　号	5	多入力多出力	144	パルス関数	15
振　動	58	【ち】		パルス伝達関数	143
振　幅	11			パルス列	143
振幅減衰比	64	調節器	6, 33	判　断	2, 3
振幅比	67, 68	直流サーボモータ	128	【ひ】	
【す】		直列結合	40		
		直列補償	134	比　較	2
水位制御	3	【つ】		引き出し点	5
図式的	70			ピーク値	77
ステップ応答	46	追従制御	125	微小変動法	8
ステップ入力	45	【て】		非振動的	59
【せ】				非線形制御系	142
		定常偏差	117, 133	非線形方程式	8
制　御	1	デシベル	71	微分時間	126
制御器	6, 33	電気的時定数	129	微分方程式の解	23
制御系	91	伝達関数	25, 26	微分要素	30
——の設計	115	【と】		——の応答	49
——の特性方程式	91			比例感度	126
制御対象	1	等価変換	40	比例要素	27
制御偏差	89	特性根	91	【ふ】	
制御量	1	——と応答	91		
正弦波関数	11	特性方程式	106	不安定	93
整定時間	64, 120	【な】		フィードバック	2, 3
積のラプラス変換	17			フィードバック結合	41
積分時間	126	ナイキスト	106	フィードバック補償	134
積分要素	29	——の安定判別法	109	複素関数	14
——の応答	48	ナイキスト線図	110	複素積分	18

部分分数	19, 50	
フルビッツ	106	
——の安定判別法	106	
——の行列式	106	
プロセス制御	117, 125	
ブロック線図	5, 35, 37	
分裂点	99	

【へ】

閉回路	82
閉ループ	39
平衡状態	9
並列結合	40
ベクトル	12
ベクトル軌跡	70
偏角	13
偏角条件	95
偏差量	89

【ほ】

ボード線図	70

【ま】

前向き経路	41

【む】

むだ時間要素	31
——の応答	53

【も】

目標値	1, 4

【ゆ】

行過ぎ時間	63
行過ぎ量	63

【ら】

ラウス	106
——の安定判別法	108
——の配列	108
ラプラス変換	14
——の性質	16

ラプラス変換表	14
ランプ応答	46
ランプ入力	46

【り】

留数	19, 20
リレー	141
臨界減衰	59

【れ】

零点	96, 97

【ろ】

ロボットの位置決め	128

【D】

decade	72

【O】

On-Off	142

【P】

PID 調節器	34, 125

【Z】

z の関数	143

―― 著者略歴 ――

阪部　俊也（さかべ　としや）
1967年　信州大学工学部精密工学科卒業
1967年　奈良工業高等専門学校助手
1976年　奈良工業高等専門学校講師
1979年　奈良工業高等専門学校助教授
1990年　工学博士（大阪大学）
1990年　奈良工業高等専門学校教授
2007年　奈良工業高等専門学校退職
2007年　奈良工業高等専門学校名誉教授

飯田　賢一（いいだ　けんいち）
1991年　徳島大学工学部電気工学科卒業
1993年　徳島大学大学院博士前期課程修了
　　　　（電気電子工学専攻）
1996年　徳島大学大学院博士後期課程単位
　　　　取得退学（システム工学専攻）
1996年　奈良工業高等専門学校助手
1997年　博士（工学）（徳島大学）
1998年　奈良工業高等専門学校講師
2003年　奈良工業高等専門学校助教授
2005年　ニュージーランド・オークランド
〜06年　大学客員研究員
2007年　奈良工業高等専門学校准教授
2014年　奈良工業高等専門学校教授
　　　　現在に至る

自　動　制　御
Automatic Control

© Toshiya Sakabe, Ken'ichi Iida, 2007

2007年 6 月15日　初版第 1 刷発行
2021年 1 月20日　初版第10刷発行

検印省略

著　者　阪　部　俊　也
　　　　飯　田　賢　一
発行者　株式会社　コロナ社
　　　　代表者　牛来真也
印刷所　新日本印刷株式会社
製本所　有限会社　愛千製本所

112-0011　東京都文京区千石 4-46-10
発　行　所　株式会社　コロナ社
CORONA PUBLISHING CO., LTD.
Tokyo Japan
振替 00140-8-14844・電話(03)3941-3131(代)
ホームページ　https://www.coronasha.co.jp

ISBN 978-4-339-04471-3　C3353　Printed in Japan　　（新宅）

〈出版者著作権管理機構 委託出版物〉
本書の無断複製は著作権法上での例外を除き禁じられています。複製される場合は、そのつど事前に、出版者著作権管理機構（電話 03-5244-5088, FAX 03-5244-5089, e-mail: info@jcopy.or.jp）の許諾を得てください。

本書のコピー、スキャン、デジタル化等の無断複製・転載は著作権法上での例外を除き禁じられています。購入者以外の第三者による本書の電子データ化及び電子書籍化は、いかなる場合も認めていません。
落丁・乱丁はお取替えいたします。

機械系教科書シリーズ

(各巻A5判，欠番は品切です)

- ■編集委員長　木本恭司
- ■幹　　　事　平井三友
- ■編 集 委 員　青木　繁・阪部俊也・丸茂榮佑

配本順		書名	著者	頁	本体
1.	(12回)	機械工学概論	木本恭司 編著	236	2800円
2.	(1回)	機械系の電気工学	深野あづさ 著	188	2400円
3.	(20回)	機械工作法(増補)	平井三友・和田任弘・塚田忠夫 共著	208	2500円
4.	(3回)	機械設計法	朝比奈奎一・黒田孝春・三田純義・池田比呂志・柳川正志・古荒誠己・吉川健二・浜口静夫 共著	264	3400円
5.	(4回)	システム工学	—	216	2700円
6.	(5回)	材料学	久保井徳洋・樫原恵蔵 共著	218	2600円
7.	(6回)	問題解決のための Cプログラミング	佐藤次男・中村理一郎 共著	218	2600円
8.	(32回)	計測工学 (改訂版) ─新SI対応─	前田良昭・木村一郎・押田至啓 共著	220	2700円
9.	(8回)	機械系の工業英語	牧野州秀・水野雅之 共著	210	2500円
10.	(10回)	機械系の電子回路	高橋晴雄・阪部俊也 共著	184	2300円
11.	(9回)	工業熱力学	丸茂榮佑・木本恭司 共著	254	3000円
12.	(11回)	数値計算法	藪忠司・伊藤恒男 共著	170	2200円
13.	(13回)	熱エネルギー・環境保全の工学	井田民男・木本恭司・山﨑友紀 共著	240	2900円
15.	(15回)	流体の力学	坂本雅彦・坂田光雄 共著	208	2500円
16.	(16回)	精密加工学	田口紘剛・明石二夫 共著	200	2400円
17.	(30回)	工業力学 (改訂版)	吉村靖夫・米内山誠 共著	240	2800円
18.	(31回)	機械力学 (増補)	青木繁 著	204	2400円
19.	(29回)	材料力学 (改訂版)	中島正貴 著	216	2700円
20.	(21回)	熱機関工学	越智敏明・老固潔一・吉本隆光 共著	206	2600円
21.	(22回)	自動制御	阪部俊也・飯田賢一 共著	176	2300円
22.	(23回)	ロボット工学	早川恭弘・櫟弘明・矢野順彦 共著	208	2600円
23.	(24回)	機構学	重松洋一・大高敏男 共著	202	2600円
24.	(25回)	流体機械工学	小池勝 著	172	2300円
25.	(26回)	伝熱工学	丸茂榮佑・尾池匡・牧野州秀 共著	232	3000円
26.	(27回)	材料強度学	境田彰芳 編著	200	2600円
27.	(28回)	生産工学 ─ものづくりマネジメント工学─	本位田光重・皆川健多郎 共著	176	2300円
28.		CAD/CAM	望月達也 著	近刊	

定価は本体価格+税です。
定価は変更されることがありますのでご了承下さい。

◆図書目録進呈◆